**Produktionspraxis 10**
**hrsg. von Bastian Clevé**

Thomas Mulack / Rolf Giesen

# Special Visual Effects
## Planung und Produktion

Die Deutsche Bibliothek – CIP-Einheitsaufnahme

Mulack, Thomas:
Special Visual Effects : Planung und Produktion / Thomas Mulack ; Rolf Giesen.
– 1. Auflage – Gerlingen : Bleicher, 2002
(Produktionspraxis ; Bd. 10)
ISBN 3-88350-911-6

© 2002 Bleicher Verlag, Gerlingen
Alle Rechte vorbehalten
Druck und Weiterverarbeitung: Maisch + Queck, Gerlingen
ISBN 3-88350-911-6

*Der Herausgeber der Reihe Produktionspraxis Bastian Clevé war Produzent und Regisseur in Los Angeles und leitet den Studiengang PRODUKTION an der Filmakademie Baden-Württemberg in Ludwigsburg. Er ist Co-Autor und Executive Producer der Neuverfilmung des Bestsellers »So weit die Füße tragen«.*

# Inhalt

Einführung    7

Spezialeffekte – Versuch einer Definition    9
Technik der Spezialeffekte und Special Visual Effects    11
Digitale Effekte    45
Planung und Kalkulation von visuellen Spezialeffekten    55
Special Effektdreharbeiten    85
Die Effekt-Postproduktion    95
Ausblick    115

Anhang    117

# Einführung

Vor wenigen Jahrzehnten standen Informationen zum Thema Special Effects oder, wie man es vorher nannte, zum Filmtrick, sehr spärlich zur Verfügung. Für Filmamateure wurde die *Neue Trickfilm Schule* von H.C. Opfermann und Georg Kramer angeboten, während im englischsprachigen Raum *Special Effects Cinematography* von Raymond Fielding zur »Bibel« wurde. Aber wenn es konkret wurde, mussten selbst Spezialisten Einstellungen bestimmter Filme am Schneidetisch analysieren, um herauszufinden, wie ein bestimmter Trick funktionierte.

Seit *Star Wars,* Motion Control und der Einführung der Computeranimation, verbunden mit der kompletten Digitalisierung des Trägermediums Film sowie der Konvergenz von TV, Video, DVD und Kabel, hat sich das entscheidend geändert. Die zahlreichen Special Effects Blockbuster haben das Bedürfnis des Publikums nach Mehr geweckt, aber auch den Blick geschärft. So viele Informationen über visuelle Effekte hat es noch nie gegeben: In Magazinen wie *Cinefex* werden einzelne Produktionen bis ins kleinste Detail technisch analysiert, im Fernsehen gibt es jede Menge *Making of's,* über neue Software kann man sich in Fachzeitschriften wie *Professional Production* oder *Digital Production* informieren, Bücher und Ausstellungen (*Künstliche Welten*) berichten über Geschichte und Entwicklung der Effekte in den Laufbildmedien, den so genannten Movies. Der Nachwuchs wird in Baden-Württemberg oder Potsdam-Babelsberg ausgebildet – und die Besten träumen von einer Karriere in Hollywood oder San Rafael, dem Sitz von Industrial Light & Magic, dem Effekthaus von Lucasfilm. Die Bedingungen in Europa unterscheiden sich erheblich von denen in den USA, die mit ihren Megaproduktionen auch das Denken deutscher Kinozuschauer entscheidend beeinflussen. Der europäische Film – gleich ob im Kino oder Fernsehen – funktioniert unter ästhetisch und finanziell anderen Rahmenbedingungen. Und nicht immer müssen Effekte realistischer sein als die Wirklichkeit, solange sie sich harmonisch in eine Filmerzählung einfügen. Es gibt mittlerweile genügend Beispiele, die zeigen, wie Stoffe nahezu von Effekten erdrückt werden. Das vorliegende Buch will keine Filmgeschichte schreiben. Es ist kein Bildband, keine Selbstdarstellung einer Effekt- oder Software-Firma. Es wendet sich primär an Produzenten, Produktions-, Aufnahmeleiter, Verleiher, Redakteure usw., an alle, die mit Filmstoffen konfrontiert werden, in denen Effekte eine kleinere oder größere Rolle spielen.

Welche Schritte sind also erforderlich, um das jeweilige Projekt zu einem akzeptablen Ende zu führen? Wie kalkuliere und plane ich Effekte, damit diese in der Postproduktion nicht übermäßig nachbearbeitet werden müssen und darüberhinaus beim Zuschauer richtig ankommen …

# Spezialeffekte – Versuch einer Definition

Wenn man von Special Effects oder gar von Tricks für Film- und Fernsehproduktionen spricht, denkt man unwillkürlich an Manipulation, Illusion oder Magie à la David Copperfield. Wim Wenders – dem »Cinema verité« gewogen – verabscheute Spezialeffekte als »Spezialdefekte«. Dabei ist der Film selbst schon Illusion, Lichtspiel – und eben deshalb arbeitet er mit Effekten aller Art.

## Motion Pictures: bewegte Bilder

Eine Bewegung wird fotografisch in einzelne Bilder zerlegt, die, auf einem Streifen aneinander gereiht, so schnell durch den Projektionsapparat laufen, dass eben jene aufgenommene Bewegung – oder besser die Illusion dieser Bewegung rekonstruiert wird. Allein die Trägheit des menschlichen Auges (engl. *persistence of vision*) vermittelt uns diesen Eindruck.

Je weniger der Mechanismus, der sie in Bewegung versetzt, als solcher zu erkennen ist, umso größer ist die Wirkung beim Publikum. Der Zuschauer stellt keine tief schürfenden Gedanken über filmische Illusionen an. Er akzeptiert, dass Bilder manipulierbar sind und auf Leinwand oder Bildschirm nur der jeweils gewählte und gestaltete Ausschnitt zu sehen ist. Alles andere, was die Illusion zerstören könnte, ist seinem Auge entzogen. Das Bewusstsein über die illusionären Bilderwelten mindert jedoch nicht die emotionale Wirkung der synthetisch bewegten Bilder auf den Betrachter. In dem Augenblick, da der Zuschauer in der Dunkelheit des Kinos anfängt, darüber nachzudenken, wie ein bestimmter Effekt realisiert wurde, haben die Filmemacher schon verloren. Der beste Spezialeffekt ist jener, der dem Zuschauer, selbst nach seiner Erklärung, wunderbar erscheint. Die höchste Kunst des Filmemachens ist das harmonische Zusammenwirken aller Departments.

Die mechanischen, physikalischen, chemischen, fotografischen und optischen Verfahren, auf denen der Sonder-Effekt basiert, sind (fast) so alt wie das Kino. Eine gute Definition des Spektrums, das durch Effekte erschlossen wird, gibt Moritz de Hadeln in der Einführung des Buches *Special Effects* von Rolf Giesen: »Von Anfang an bestimmten zwei Motive die Verwendung von Special Effects: Sparmaßnahmen und der Versuch, das Unmögliche möglich zu machen. Es liegt auf der Hand, dass Produzenten von Special Effects die Möglichkeit erhofften, billiger zu produzieren. Was wenig kosten durfte, sollte nach viel aussehen. … Spezialeffekte waren immer eng mit dem phantastischen und weniger mit dem realistischen Film verbunden. Durch eine vorübergehende Mode sind sie in den letzten Jahren zum Synonym von Science Fiction und Fantasy geworden. ... Der Special Effect ist hier augenscheinlich und grundlegend. Aber die Techniken der Special Effects können auch Künstler in anderen Filmgenres befreien, sodass sie mit mehr Phantasie und mehr Poesie das auszudrücken vermögen, was sie bewegt. Viele der besten Spezialeffekte im Kino sind vom Publikum unbemerkt geblieben, so wie der Handwerker etwas schafft, ohne sein Werkzeug auszustellen.« [Edition 8 1/2, Ebersberg 1985]

Der Begriff »Special Effects« kam Mitte der zwanziger Jahre in Hollywood auf, um die Tätigkeit von Experten wie Louis Witte und Lee Zavitz an dem Kriegsfilm *What Price Glory?* zu umschreiben. Später las man in Vorspännen auch Termini technici wie »Special Photographic Effects«, »Special Photography«, »Process Cinematography« oder »Camera-Effects«. In Frankreich »effets spéciaux«, in Spanien »effectos especialos«, in Japan »tokusatsu«. Heute sprechen wir von »Digital Effects«. Dazwischen liegt eine Vielfalt untergeordneter Begriffe: »Animation«, »Animatronics« und »Rotoscoping«, »Rendering« und »Wire Frames«, »Matte Painting«, »Blue und »Green Screen«.

*Grundsätzlich unterscheidet man zwei Hauptbereiche:*

**1. Special Effects** (auch Practical oder Physical Effects): Hierzu zählen primär alle Spezialeffekte, die direkt während der Hauptdreharbeiten *(engl.»Principal Photography«)* ohne den Einsatz fotografischer Tricks realisiert werden, also Feuer, Explosionen, Wind, Regen, Schnee, chemische Effekte, Gesteinslawinen, einstürzende Gebäude usw.

**2. Special Visual Effects:** Sie definieren in der Regel alle Effekte, die erst nach dem Hauptdreh von einem besonders geschulten Team fertig gestellt werden, z.B. Modellaufnahmen, Travelling Matte Composite Photography, Motion Control, Stop- und Go-Motion usw.

Beide Hauptbereiche lassen sich nicht absolut klar voneinander trennen und beinhalten längst nicht alle Effekttechniken. Ein Vorsatzmodell etwa kann direkt von der *first unit*, während der Hauptdreharbeiten eingesetzt werden, wenn es ein kostenbewusster Filmarchitekt so vorgesehen hat. Ebenso Glasgemälde, Spiegeltricks und die Projektionsverfahren (*Front-* und *Rückpro*).

Einzelne Genres erfordern noch spezialisiertere Techniken: Viele Horrorfilme wären ohne die Spezialmaskeneffekte (engl. »Special Make-Up-Effects«) undenkbar, zahlreiche Fantasy- und Science-Fiction-Filme kämen ohne Kreaturen bzw. ohne mit Fernsteuerung zu bedienende Puppen (engl. »Creatures/ Animatronic Characters«) nicht aus.

Digitale visuelle Effekte (engl. »Digital Visual Effects«) lassen sich im Prinzip der zweiten Hauptgruppe »Special Visual Effects« zuordnen – und doch sind sie mehr als nur Effekte. Im Gegensatz zum konventionellen Film-»Trick« haben sie ein neues Universum elektronischer Manipulation eröffnet. Das digital erzielte und bearbeitete Laufbild korrespondiert eher mit verwandten Medien wie dem Fernsehen oder dem Computerspiel, als es der traditionelle Film je konnte. So gesehen, stehen wir am Anfang einer Revolution, die unsere »Sehgewohnheiten« ganz sicher verändern wird – wenn dies nicht schon längst geschehen ist.

# Zur Technik der Spezialeffekte und Special Visual Effects

In diesem Kapitel werden die verschiedenen Disziplinen des klassischen Filmtricks vorgestellt. Zur besseren Verständlichkeit werden nur die wesentlichen Arbeitsschritte einzelner Techniken erklärt. Für die Leser, die ihre Fachkenntnisse weiter vertiefen möchten, gibt es am Ende dieses Buches eine Literaturliste. Doch ist es kaum möglich, bestimmte Effekttechniken ausschließlich unter Zuhilfenahme literarischer »Bedienungsanleitungen« zu erlernen. Praktische Erfahrungen sind unerlässlich. Jeder Effektspezialist hat im Übrigen sein eigenes Repertoire an Tricks und Kniffen.
Voraussetzung für Herstellung, Variationen und Kombinationen von Effekttechniken ist natürlich das Vertrautsein mit Basisbegriffen und die Beherrschung der Grundlagen.

## In-Kamera-Effekte

Eine Reihe von Effekten entstand schon in der Frühzeit der Kinematographie aus der Manipulation des Belichtungsmaterials direkt in der Filmkamera. Es sind dies die so genannten In-Kamera-Effekte *(engl. In Camera Effects)*:

**Einzelbildaufnahme** *(engl. Single Frame Exposure)*
Diese Technik bildet die Grundlage der Filmanimation, der Rekonstruktion oder Nachempfindung von Bewegungsvorgängen im Bild. Die Kamera filmt jeweils nur ein Einzelbild, z.B. von einer Zeichnung oder einer Puppe. Zwischen den Einzel-Belichtungen wird die Zeichnung gegen eine andere ausgetauscht bzw. die Position der Puppe leicht verändert, was bei Projektion des Filmes in Normalgeschwindigkeit die Illusion von Bewegung zur Folge hat. Dies ist ein sehr zeitaufwendiger Prozess, da für eine Sekunde Film 24 Einzelbilder belichtet werden müssen, weswegen diese Technik auch nicht bei Hauptdreharbeiten mit Darstellern angewandt wird – mit Ausnahme des von Norman McLaren experimentell durchgeführten Pixillation-Verfahrens, in dem die Darsteller in kuriosen Bewegungen animiert werden. Siehe auch Stop-Motion-Animation.

**Mehrfachbelichtung** *(engl. Multiple Exposure)*
Der Filmstreifen wird nach der Belichtung in der Kamera zurückgespult, um ihn erneut zu belichten. So hat man z.B. transparente Geistereffekte erzeugt. Man filmt zuerst einen leeren Raum, spult den Film zurück und filmt den Raum erneut mit einer Person im Bild. Die Kamera wird dabei die ganze Zeit nicht bewegt.

**Mehrfachbelichtung mit stationären Masken** *(engl. In Camera Mattes)*
Teile des Bildausschnitts werden abgedeckt, die dann bei der Aufnahme unbelichtet bleiben. Nachdem der Film teilbelichtet und zurückgespult ist, wird die erste Maske entfernt und der vorher belichtete Teil kaschiert, um eine unerwünschte Doppelbelichtung zu verhindern.

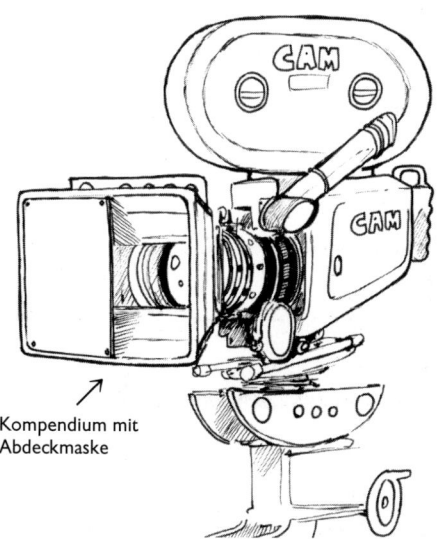

↗
Kompendium mit
Abdeckmaske

*Abb. 1: Mehrfachbelichtung mit stationären Masken*

Die klassische Effektlösung etwa bei Doppelgängereffekten wie dem *Studenten von Prag* (1913) mit Paul Wegener. So können auch vorher kaschierte Bildteile durch Modelle/ Gemälde ergänzt werden. Die Kamera darf bei den verschiedenen Belichtungen nicht bewegt werden, wenn der Effekt gelingen soll.

Zusätzliche In-Kamera-Effekte sind **Blendeneffekte** (Aufblende/ Abblende/ Überblendung), die in der Postproduktion mit Hilfe digitaler Bildbearbeitung realisiert werden, sowie **Zeitraffer-** und **Zeitdehnungseffekte** durch Manipulation der Filmdurchlaufgeschwindigkeit in der Kamera. Zeitraffereffekte entstehen, wenn man weniger als 24 Bilder pro Sekunde aufnimmt. Bei der Projektion wird der Film mit normaler Geschwindigkeit (24 Bilder) vorgeführt, sodass sich Personen oder Objekte auf der Leinwand schneller bewegen. Ein extremer Zeitraffereffekt ist die Time Lapse Photography: Es wird u.U. nur ein Bild pro Minute belichtet, etwa um zu zeigen, wie sich Blumenblätter öffnen. Zeitdehnungseffekte, bei denen die Kamera mehr als 24

Bilder je Sekunde aufnimmt, werden oft für Miniaturexplosionen eingesetzt, die dann bei normaler Projektionsgeschwindigkeit im Vergleich realistischer wirken. Belichtungen von mehr als 200 Bildern in der Sekunde sind hierbei keine Seltenheit.

Mit speziellen **Kamerafiltern** (Farbverlaufsfilter, Weichzeichner oder Sternenfilter), die vor dem Kameraobjektiv befestigt werden und das einfallende Licht beeinflussen, lassen sich interessante und preiswerte Effekte erzeugen, die vielfach keine Nachbearbeitung mehr benötigen. Man sollte aber auch zur Sicherheit die gleiche Einstellung ohne Filter drehen, um sich die Möglichkeiten einer alternativen Effektbearbeitung in der Postproduktion offen zu halten.

»Day for Night«-Effekte (eine Nachtszene wird aus Kostengründen am Tag gedreht = amerikanische Nacht) werden meist in Low-Budget-Produktionen angewendet. Dabei wird mithilfe eines starken Blaufilters zusätzlich unterbelichtet. Für Modellaufnahmen benutzt man häufig Diffusions- und Nebelfilter, um die richtige Tiefenatmosphäre zu erzielen.

**Kameramasken**, beispielsweise für den typischen Fernglas- oder Schlüssellocheffekt, werden nach wie vor verwendet. Heute allerdings realisiert man solche Effekte lieber in der Postproduktion, um die Zeit, die für die Einrichtung der Maske während der Dreharbeiten nötig ist, einzusparen.

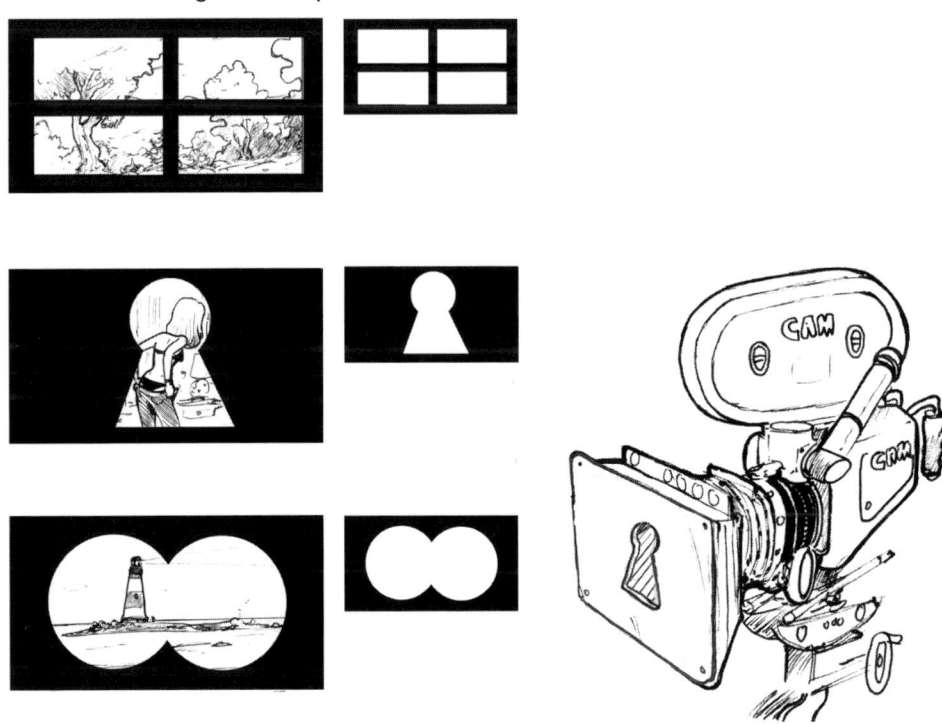

*Abb. 2: Einsatz von Kameramasken*

## Fotografische Spezialeffekte

Weitere Effekttechniken stellen sozusagen den »verlängerten Arm« der Kamera dar, ohne dass dabei (bis auf wenige Ausnahmen) in oder an der Kamera selbst manipuliert wird. Diese »fotografischen Spezialeffekte« werden ohne spätere optische oder digitale Nachbearbeitung direkt am Set realisiert:

### Front- und Rückprojektion *(engl. Front/ Rear Projection)*
Hier wird sozusagen der Film im Film gefilmt. Bei der Rückprojektion agieren die Schauspieler vor einer Bildwand, deren Rückseite von einem Projektor angestrahlt wird. Projektor und Kamera müssen synchron geschaltet sein, um ein lästiges (und verräterisches) Flimmern zu vermeiden. Durch das nochmalige Abfilmen eines bereits gefilmten Hintergrundes erscheint dieser oft körniger und dunkler, außerdem wird zum Ausleuchten des Vordergrundes sehr viel Licht benötigt, was ebenfalls die Qualität des Rückprojektionsbildes beeinträchtigt.

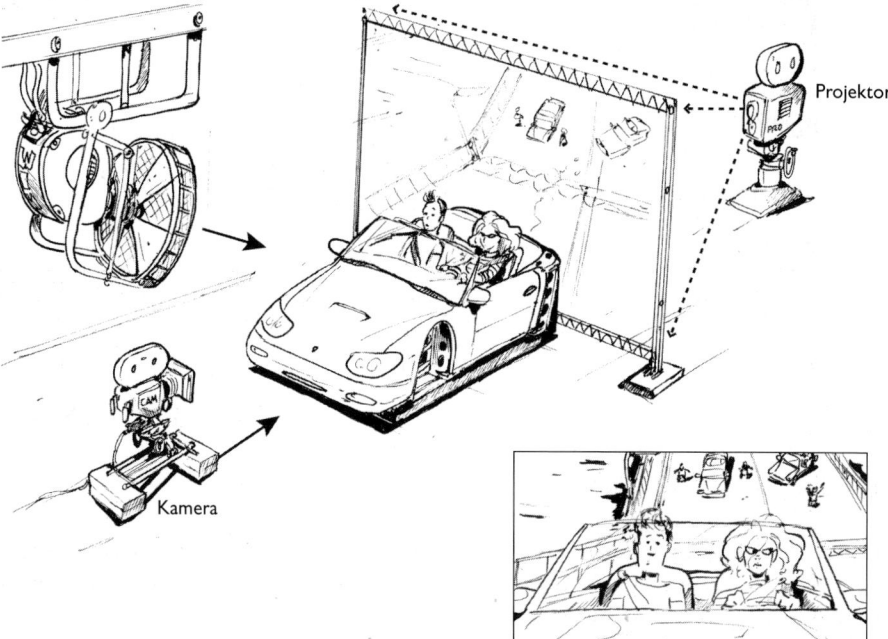

Projektor

Kamera

*Abb. 3: Aufbau einer Rückprojektion*

Bei der Frontprojektion wird die Bildwand nicht von hinten, sondern von vorne angestrahlt; der Screen hat in diesem Fall eine besondere Beschichtung, die fast 95 Prozent des einfallenden Lichts wieder in die Richtung der Lichtquelle (= Projektor) abstrahlt (Scotchlite Screen). Damit das vom Screen zurückgeworfene Licht voll auf den Film gelangt, müssten Kamera- und Projektorobjektiv genau übereinander liegen, was technisch so nicht möglich ist. Eine Glasscheibe, die auf der einen Seite verspiegelt und auf der anderen lichtdurchlässig ist, wird mit der durchlässigen Seite in einem Winkel von 45 Grad vor der Kamera positioniert. Der Projektor wiederum steht im 90-Grad-Winkel zur Kamera und wirft sein Bild auf die reflektierende Rückseite der Glasscheibe. Während die Kamera nun geradlinig durch die Scheibe die Darsteller vor der Leinwand filmt, wirft der Projektor das Hintergrundbild auf die Spiegelseite der Scheibe, sodass es von dort auf die Leinwand hinter den Darstellern reflektiert wird. Damit das projizierte Bild nicht auf den Personen sichtbar wird, müssen diese wiederum stark ausgeleuchtet werden.

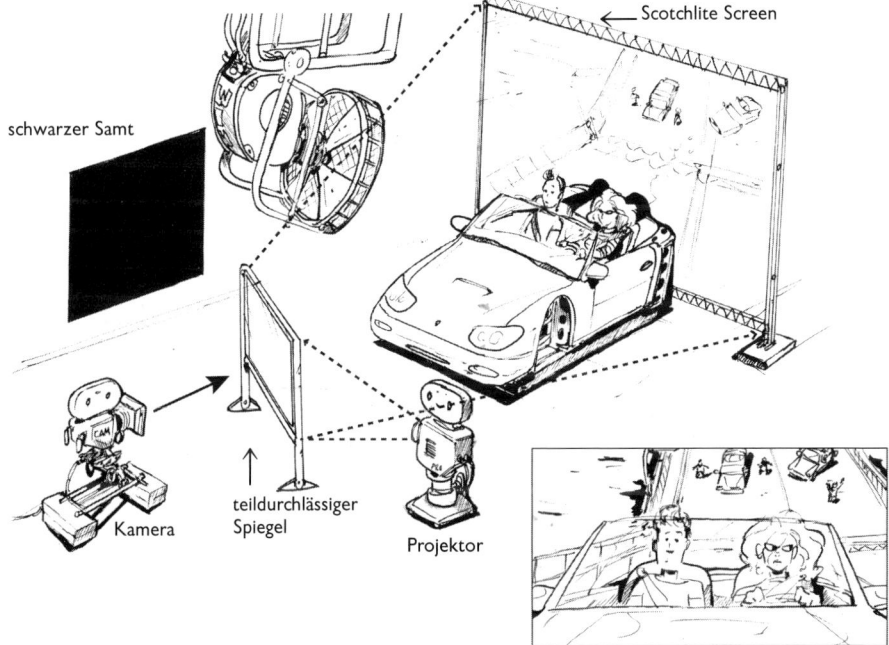

*Abb. 4: Aufbau einer Frontprojektion*

Front- und Rückprojektion werden heute nur noch selten eingesetzt. Travelling Matte Composite Photography und digitale Bildbearbeitung haben diese klassischen Effekttechniken fast vollständig verdrängt.

### Spiegeltricks *(engl. Mirror Effects)*

Die zuvor beschriebene Frontprojektionsmethode wird mit Hilfe eines halbdurchlässigen Spiegels realisiert und ist somit eine Synthese zweier Effekttechniken: Frontprojektion und Spiegeltrick. Eine Variante des Spiegeltricks, wie ihn Eugen Schüfftan entwickelt hat, sieht so aus: Auf die Vorderseite eines Modells ist eine Kamera gerichtet. Zwischen Kamera und Modell steht eine Glasscheibe mit einer kleinen Spiegelfläche. Die Scheibe ist so geneigt, dass sich, sieht man durch die Kamera, genau in der kleinen

Spiegelfläche ein realer Darsteller spiegelt, der im gleichen Atelier in einer real gebauten Teilkulisse steht. Diese entspricht – bis auf die Größe – exakt den Formen und Farben des Modells. Die Kamera filmt nun in einem Durchgang durch die Glasscheibe das Modell sowie die, durch korrekte Enfernung von der Glasscheibe maßstabsgerecht verkleinerte, eingespiegelte Teilkulisse mit dem Darsteller, und fügt dort Modell und Schauspieler zu einer Einheit zusammen.

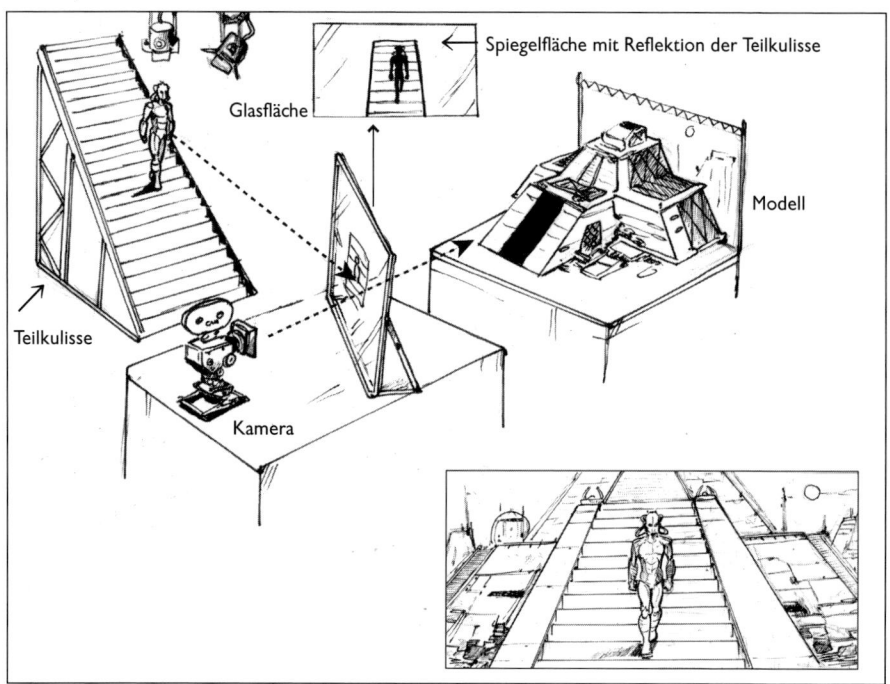

*Abb. 5: Spiegeltrick nach Schüfftan*

Auch diese klassische Effekttechnik aus Stummfilmtagen, längst von der digitalen Bildbearbeitung abgelöst, wurde bei der Defa aber noch bis zur Wende praktiziert.

### Glasgemälde (engl. *Glass Paintings*)
Auf einer vor der Kamera platzierten Glasscheibe werden Bildteile gemalt, die eine dahinter liegende Szenerie ergänzen oder überdecken. Wenn beide Elemente, sowohl der gemalte Teil auf der Glasscheibe als auch der Hintergrund, im Schärfebereich (Schärfentiefe, engl. *Depth of Field*) liegen, wird in einem Durchgang gefilmt.
Dieses Prinzip wurde später noch verfeinert, sodass auch leichte Kameraschwenks möglich waren. Glasgemälde anzufertigen und perspektivisch korrekt mit der Realszenerie einzurichten ist sehr zeitintensiv. Heute kommen deshalb nur noch Matte Paintings zum Einsatz, die in der Postproduktion mit der real aufgenommenen Einstellung digital kombiniert werden.

*Abb. 6: Trickeinstellung mit Glasgemälde*

## Vorsatzmodelle *(engl. Hanging Miniatures)*

Anstelle bemalter Glasscheiben werden vor der Kamera plastische Modelle positioniert und zusammen mit dem Hintergrund aufgenommen. Diese Modelle sind so konstruiert und bemalt, dass sie beim Blick durch die Kamera mit dem Hintergrund eine Einheit bilden, vorausgesetzt beide – Hintergrund und Modell – liegen im Schärfebereich. Wenn Modell und Background im so genannten nodalen Punkt *(engl. Front Nodal Point* – der Punkt in der Kameralinse, in dem alle eintretenden Lichtstrahlen zusammenlaufen) der Kameralinse eingerichtet sind, lassen sich sogar leichte Schwenks und Neigungen durchführen, ohne dass sich Miniatur und Hintergrund perspektivisch gegeneinander verschieben. Dazu benutzt man einen besonderen Stativkopf, den *Nodal Head*.

Der Vorteil von Vorsatzmodellen gegenüber Glasgemälden ist, dass sich das Vorsatzmodell automatisch in der gleichen Lichtsituation befindet wie der Hintergrund. Außerdem ist man wesentlich flexibler in der Wahl des Kamerastandpunkts, wenn das Modell so gebaut ist, dass es aus mehreren Perspektiven gedreht werden kann. Die heutigen Anwendungsgebiete dieser Technik sind allerdings sehr begrenzt.

Die knappen Drehzeiten erlauben gerade bei TV-Produktionen kein stundenlanges Einrichten von Spiegeltricks, Vorsatzmodellen oder Glasgemälden. Außerdem müssen diese Effekte sehr genau vorbereitet und in speziellen Fällen erst einmal ausprobiert werden. Digitale Bildbearbeitung in der Postproduktion ist heute schneller und flexibler.

Kamera
Vorsatzmodell

*Abb. 7: Einsatz eines Vorsatzmodells*

## Spezialmaskeneffekte *(engl. Special Make-Up Effects)*

Dieser Zweig entwickelte sich ursprünglich aus dem Bereich Maske *(engl. Make-Up)*, geht aber weit darüber hinaus. Viele berühmte Gruselgestalten der Leinwand wären ohne Spezialmaskeneffekte undenkbar. Zu den Spezialmaskeneffekten zählt auch die Simulation von künstlichen Verletzungen oder Alterungsprozessen sowie die Anfertigung spezieller Kontaktlinsen und Zahnprothesen.

Um eine gesichtsverändernde Spezialmaske anzufertigen, muss man zuerst einen Gesichtsabdruck des betreffenden Schauspielers nehmen. Dieser Negativabdruck wird mit einem harten Spezialgips ausgegossen, um wieder ein Positiv zu erhalten. Mit Plastilin modelliert der Spezialmaskenbildner die gewünschten Gesichtsveränderungen auf das Gipspositiv. Ist die Modellierphase abgeschlossen, wird von dem Gipspositiv samt aufmodellierten Veränderungen ein Negativabdruck angefertigt. Dann entfernt der Maskenbildner das Plastilin von dem Gipspositiv und legt Letzteres in den Negativabdruck. Der entstandene Raum zwischen Gipspositiv und -negativ, in dem sich vorher die Plastilinmasse befand, wird nun mit einem speziellen Latexschaum aufgefüllt. Die Gipsschalen mit dem Schauminhalt kommen in einen Ofen mit gleich bleibender Temperatur. Nach einiger Zeit kann das fertige Schaumteil aus den Gipsschalen herausgenommen werden. Ein so angefertigtes Schaumteil nennt man Applikation *(engl. Appliance)*. Der Maskenbildner klebt die Schaumapplikation auf das Gesicht des Darstellers, wo sie sich perfekt anpasst, und schminkt sie ein.

Abb. 8: Gipspositiv

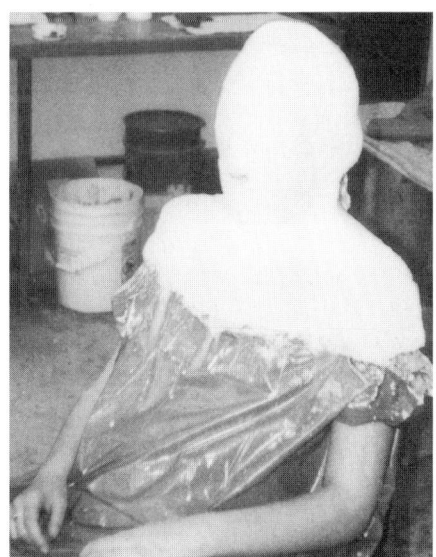
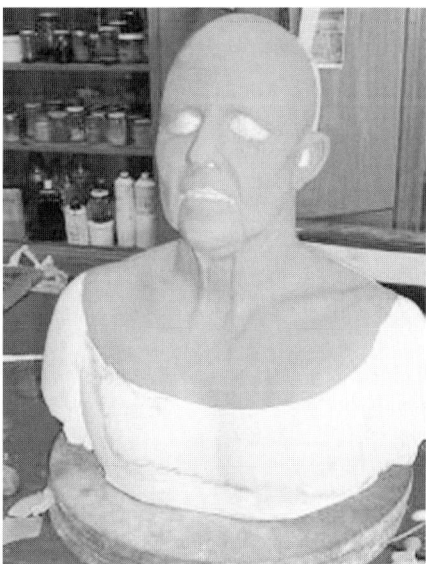

*Abb. 9: Gesichtsabguss (links). Abb. 10: Gipspositiv mit aufmodellierten Gesichtsveränderungen (rechts)*

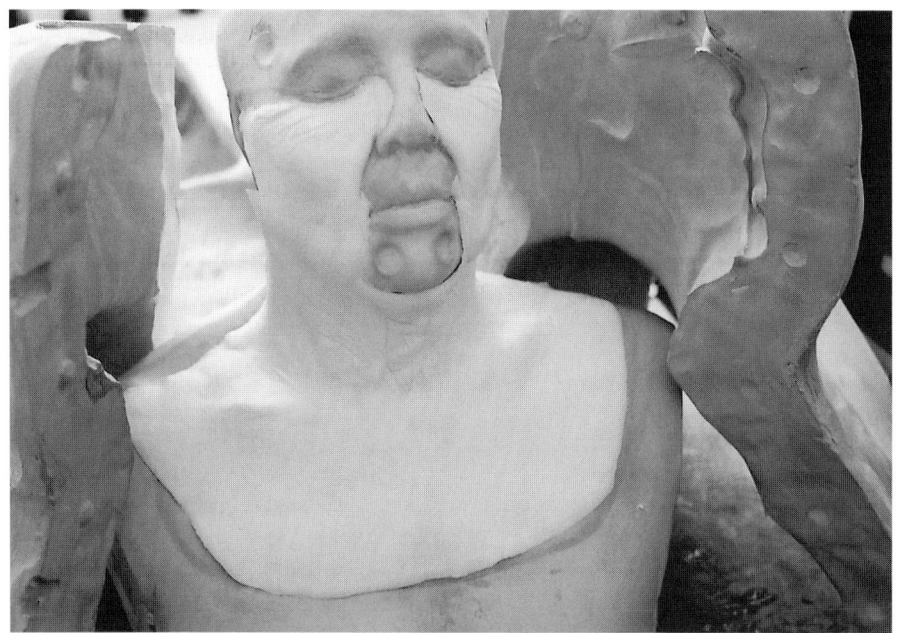

Abb. 11: Fertige Schaumapplikation

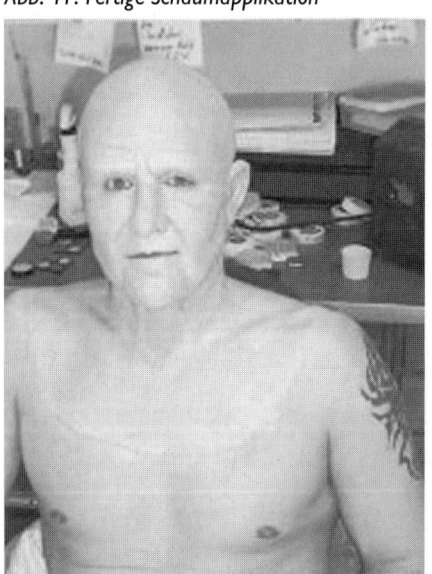
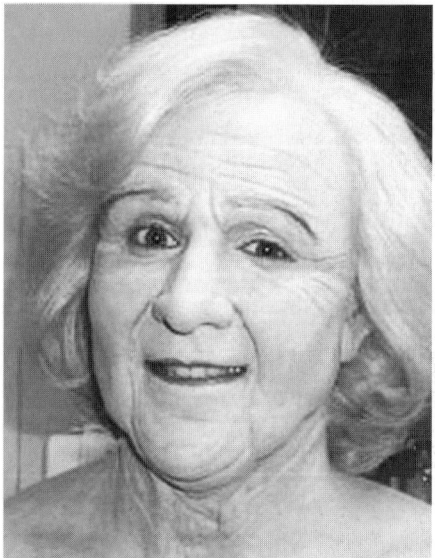

Abb. 12: Schaumapplikation wird aufgeklebt und eingeschminkt (links)
Abb. 13: Fertige Spezialmaske (rechts)

Abb. 14: Designmodell (Seite 21)

Frühe Verwandlungseffekte wie die Transformation eines Menschen in einen Werwolf wurden mit Spezialmasken und In-Kamera-Effekten realisiert. Hierbei wurde der jeweilige Darsteller teilweise geschminkt. Man drehte einige Bilder, hielt die Kamera an und trug eine weitere Schicht auf das Gesicht des Schauspielers auf. Die einzeln gefilmten Make-Up-Phasen wurden, um sprunghafte Übergänge zu vermeiden, ineinander geblendet. Heute kombiniert man Spezialmaskeneffekte z.B. mit unter den Schaumapplikationen verborgenen Gummiblasen (engl. *Bladders*), in die Luft gepumpt wird, oder mit weitaus komplizierteren Mechaniken (engl. *Animatronics*), die über Kabelzüge, elektrisch oder funkferngesteuert manipuliert werden. Beide Techniken erlauben zusätzliche Bewegungsfunktionen zur darstellereigenen Mimik.

## Kreaturen- und Puppenbau
*(engl. Creatures/ Puppets/ Animatronic Characters)*

Diese Techniken sind eng mit den Spezialmaskeneffekten verwandt. Bei Actionfilmen kommt es häufig vor, dass ein Mensch von einer Puppe gedoubelt werden muss, weil manche Szenen selbst für einen Stuntman zu gefährlich sind. Diese im englischen ›Dummies‹ genannten Puppen können im einfachsten Fall geschminkte und kostümierte Schaufensterpuppen sein. Oft ist es aber erforderlich, dass sich diese Puppen bewegen, etwa wenn sie von einem Hochhaus stürzen und dabei realistisch mit den Armen und Bei-

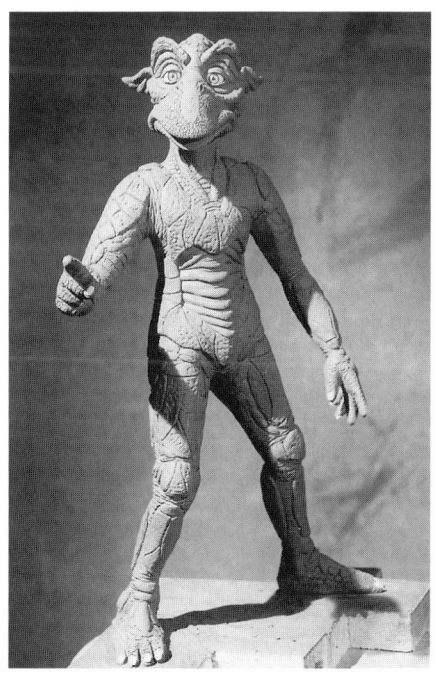

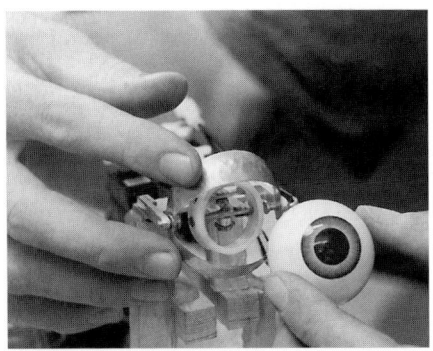

Abb. 15: Augenmechanik. Abb. 16: Animatronic-Köpfe mit eingebauter Augenmechanik

Abb. 17: Fertiger Animatronic-Kopf mit Außenhaut

nen rudern sollen. Zu diesem Zweck werden spezielle Mechaniken in die Puppe integriert.

Aber auch Tiere werden lebensecht nachgebaut und häufig mit komplizierten Bewegungsmechaniken ausgestattet. Das geschieht hauptsächlich dann, wenn eine Einstellung Aktionen vorsieht, die die Grenze des Möglichen bei echten, dressierten Tieren überschreitet, oder wenn es sich um gefährliche oder wilde Tiere handelt, die aus Sicherheitsgründen nicht mit Darstellern zusammen agieren können.

Die interessanteste Aufgabe für einen Puppenbauer ist die Schöpfung von Fantasiefiguren. Als Erstes erstellt der Puppenbauer anhand von Entwurfzeichnungen ein maßstabsgerecht verkleinertes Designmodell (Maquette) der Figur in Ton oder Plastilin. Auf dieser Grundlage wird dann eine originalgroße Version der Figur ebenfalls in Ton oder Plastilin modelliert, von der ein – oft aus mehreren Einzelteilen bestehender – Abdruck genommen wird, der zusammengesetzt gleichzeitig auch als Form dient. Diese wird ähnlich wie bei den Maskenapplikationen mit Latexschaum aufgefüllt und im Ofen ›gebacken‹. Heraus kommt die äußere Hülle der Figur, in die nun je nach Anforderungen ein mechanisches Bewegungsskelett eingebaut wird. Danach wird die Puppe bemalt und ggf. kostümiert.

Abb. 18: Designmodell

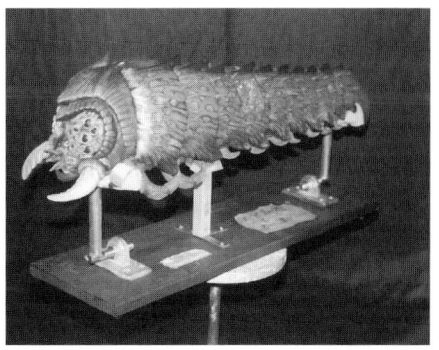

Abb. 19: Miniaturmodell

Abb. 20: Kopf mit Kabelzugsteuerung (1:1)

Abb. 21: Komplettmodell während der Dreharbeiten (1:1)

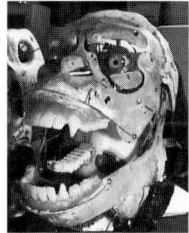

Abb. 22: Computererzeugtes Modell
Abb. 23: Animatronic-Kopf mit aufwendiger Mechanik

Abb. 24: Funk-Ansteuerung

Häufig kommt es vor, dass eine Figur für bestimmte Filmszenen in unterschiedlichen Größen und Ausstattungsvarianten gebaut werden muss. Nicht selten wird zusätzlich auch eine computererzeugte Version benötigt. Diese kann z.B. extreme Bewegungen oder Aktionen ausführen, die über die der klassischen Animatronic Creatures hinausgehen.

Einfache Kreaturen oder Puppen, die so genannten Klappmaulfiguren, werden vom Puppenspieler ausschließlich mit den Händen gespielt. Figuren mit äußerst komplexen und vielfältigen Bewegungen benötigen aufwendige Mechaniken, die oft von vielen Personen gleichzeitig bedient werden. Funkferngesteuerte Mechaniken leisten gute Dienste, die Puppenspieler aus dem Bildfeld der Kamera herauszuhalten.

Manchmal ist es unvermeidlich, dass Puppenspieler und Spielhilfen wie Stäbe oder Kabel sichtbar sind. Diese müssen dann digital retuschiert werden.

Bei der Beschreibung des Kreaturen- und Puppenbaus ist häufig der Begriff »Mechanik« gefallen. In der Tat spielen mechanische Effekte nicht nur dort eine große Rolle.

## Mechanische Effekte *(engl. Mechanical Effects)*

Sie gehören klar zur Hauptgruppe der Special Effects und beinhalten alle Effekte, die *vorrangig* mit Hilfe von Mechaniken realisiert werden. Bei Puppen, Kreaturen und

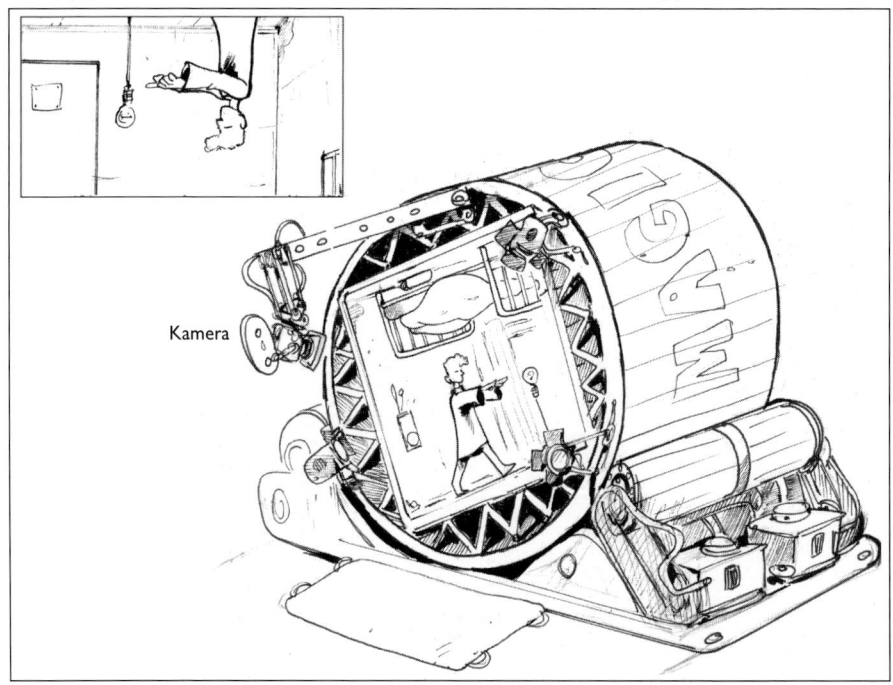

*Abb. 25: Mechanischer Effekt – rotierendes Set*

Miniaturmodellen ist das äußere Erscheinungsbild ausschlaggebend, nicht die innere Mechanik, die in diesem Fall nur ein Hilfsmittel zur Bewegungsrealisation ist. Ein typischer mechanischer Effekt wird erreicht, wenn ein Set in eine rotierende Trommel eingebaut ist. Diese kann sich (samt Set) 360 Grad um die horizontale Achse drehen. Die Kamera dreht sich bei der Aufnahme mit. Ein in diesem Set aufgenommener Schauspieler kann, während die Trommel sich langsam dreht, über Boden, Wände und Decke des Sets spazieren, als ob die Gesetze der Schwerkraft aufgehoben wären. Mechanische Effekte werden oft in Verbindung mit Stunts und Pyrotechnik eingesetzt.

## Klassische Special Effects

Zu den klassischen, direkt bei den Hauptdreharbeiten realisierbaren, Special Effects gehören:
- Regen- und Wassereffekte, z.B. für künstliche Niesel- bis Sturzregenfälle, Überflutungen
- Schnee-Effekte, künstlicher Schnee für Außen- bzw. Innenanwendung
- Dampf- und Raucheffekte
- Feuereffekte, für Kerzen, Fackeln, Lagerfeuer, bis hin zu simulierten Großbränden
- Chemische Effekte, »unsichtbare« Tinte, Schaum, Schlamm
- Filmwaffen, von semiautomatischen und automatischen Waffen bis hin zu Panzerfäusten und Raketenwerfern
- Nichtpyrotechnische Projektile, z.B. Messer, Pfeile und Speere
- Pyrotechnik, etwa für die Simulation von Granaten- und Bombeneinschlägen, explodierende Autos oder in Flammen aufgehende Gebäude. Miniaturpyrotechnische Effekte für Modellaufnahmen gehören ebenfalls dazu.
- Feuerwerkskörper
- Wire Flying/ Levitation, an Drähten, Seilen oder Fäden aufgehängte Darsteller bzw. Objekte für »Flugszenen«

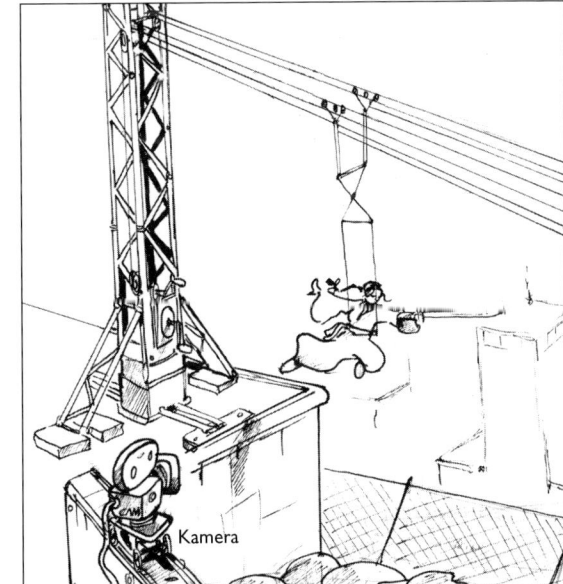

*Abb. 26: Spezialaufhängung für »fliegende« Darsteller*

Kamera

## Special Effects in Verbindung mit Stunts

zur Darstellung von brennenden Personen, Rampensprüngen mit Motorrädern oder Autos und Autoüberschlägen mittels mechanischer Hilfsmittel. Sämtliche der letztgenannten Effekttechniken werden ausschließlich von Fachleuten ausgeführt. Bei unsachgemäßer Anwendung besteht besonders bei den pyrotechnischen Effekten Lebensgefahr!

## Special Visual Effects

Kommen wir nun zum zweiten Hauptbereich, den *Special Visual Effects.* So wie sich das Medium Film selbst technisch weiter entwickelte – durch besseren Bildstand, Einführung von Farbfilm und CinemaScope – wuchs auch die Nachfrage nach immer perfekteren und spektakuläreren Effekten, die zum Teil nicht mehr mit den vorhandenen klassischen Techniken realisierbar waren.

Miniaturen (mit Ausnahme von Vorsatzmodellen und Modellen, die man für Spiegeltricks benötigte,) wurden üblicherweise nicht bei den Hauptdreharbeiten gefilmt, sondern parallel dazu oder danach. Jetzt dachte man daran, nur noch die wichtigsten Teile auch anderer Effekteinstellungen, beispielsweise die Hauptelemente mit den Darstellern, zu drehen und den Rest später hinzuzufügen. Diese Überlegungen ebneten den Weg für neue Technologien in der Anwendung von Special Visual Effects.

Zunächst adaptierte man vorhandene Techniken wie die Glasgemälde. Die entscheidende Frage war: Wie kann man Darsteller oder Objekte aus einer Aufnahme separieren? Wie kombiniert man den oder die separierten Bildteile mit anderen Bildelementen, ohne den typisch durchscheinenden »Geistereffekt« zu erhalten?

Es musste also a) ein neues Verfahren zur Isolierung einzeln gefilmter Objekte oder Darsteller von ihrer Umgebung entwickelt und b) eine Möglichkeit der Kombination der in a) gefilmten und von der Umgebung isolierten Elemente zu einem Gesamtbild gefunden werden, die weit über das hinausging, was direkt in und ausschließlich mit der Kamera realisierbar war. Punkt a) führte zur Entwicklung der so genannten *Travelling Matte Composite Photography.* Punkt b) markierte die Geburtsstunde des optischen Printers, eines Gerätes, das im Prinzip aus einem oder mehreren Projektoren besteht, die Bilder in die Optik einer Kamera *(engl. Process Camera)* projizieren.

## Der optische Printer *(engl. Optical Printer)*

Die frühen Printer wurden in Filmstudios und Kopierwerken für hauseigene Zwecke konstruiert. Als diese in den 1940er-Jahren für den breiteren Markt zugänglich wurden, konnten auch kleinere Produktionsfirmen Spielfilme mit komplexen visuellen Spezialeffekten realisieren. Je nach Einsatzgebiet gab es optische Printer in den unterschiedlichsten technischen Ausführungen. Sie wurden hauptsächlich verwendet für Blenden, Bildvergrößerungen bzw. -verkleinerungen, Änderung der Bildgeschwindigkeit,

Standbilder, optische Zooms, Simulation von Kamerabewegungen, Bildteilungseffekte, Mehrfachbelichtungen und Titeleinblendungen, Formatumwandlungen (von 35 auf 16mm oder von 65 auf 35mm und umgekehrt), anamorphotische Wandlungen und nicht zuletzt für Travelling Matte Composites, die hohe Schule des *optical printing*. Ein Nachteil bei der Bildbearbeitung durch den optischen Printer war, dass bei der Kombination mehrerer Einzelelemente Einbußen in der Bildqualität (Kontrast, Körnigkeit) zu registrieren waren, weil man Filmstreifen regelrecht übereinanderlegen musste. Manche Effekthäuser verwendeten daher bei der Aufnahme von Einzelelementen größere Filmformate (Vistavision oder 65mm), um diesen Qualitätsverlust zu kompensieren.

Die meisten Anwendungsgebiete des optischen Printers sind heutzutage eine Domäne der digitalen Bildbearbeitung. Ohne den optischen Printer wären allerdings viele spektakuläre Spezialeffekte in der Ära vor Einführung der digitalen Bildbearbeitung weder technisch noch finanziell realisierbar gewesen.

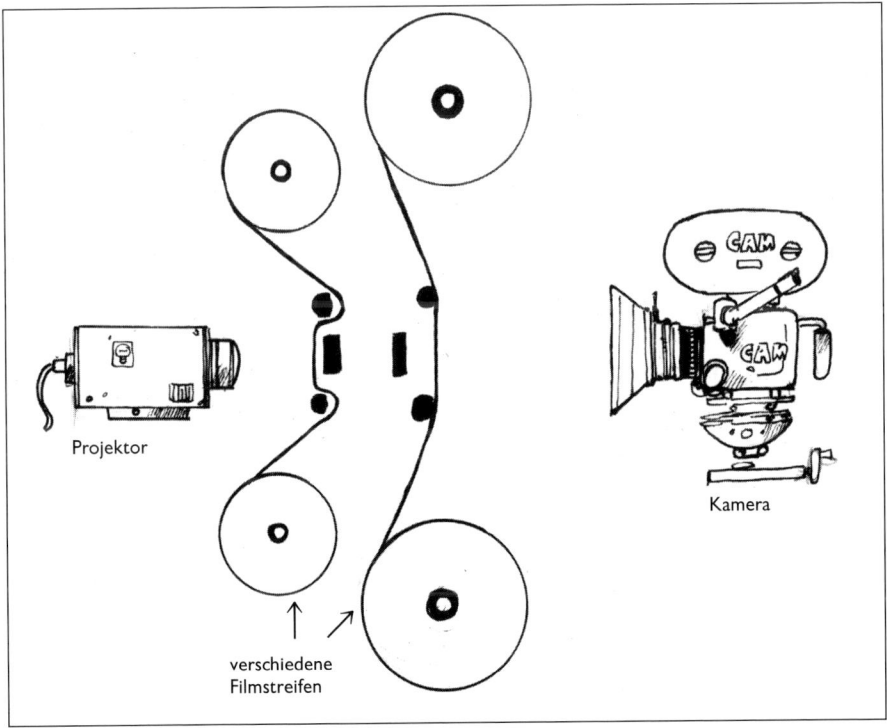

Projektor

Kamera

verschiedene
Filmstreifen

*Abb. 27: Aufbau eines optischen Printers*

## Matte Paintings

Diese Spezialeffekte-Technik ist eine Weiterentwicklung der Glasgemälde und erfüllt im Prinzip den gleichen Zweck: real aufgenommene Bildteile werden durch auf eine Glasscheibe gemalte Teile ergänzt, um Elemente hinzuzufügen, die man in der Realität nicht findet oder die wegen zu hoher Kosten nicht real aufgenommen werden können. Der Unterschied zur Vorsatzmalerei besteht darin, dass Realfilm und Matte Painting nicht direkt bei den Hauptdreharbeiten miteinander zu einer Aufnahme kombiniert werden. Effekteinstellungen, die mit Hilfe von Matte Paintings realisiert werden, nennt man Matte Shots. Es gibt verschiedene Kombinationsmöglichkeiten von Realfilm mit einem Matte Painting.

### Front/ Rear Projection Matte Shot

Diese zwei Kombinationsmethoden von Realfilm mit Matte Painting sind relativ einfach. Bei Rückprojektion wird die Realfilmszene von einem hinter dem Matte Painting aufgebauten Projektor auf eine semitransparente Bildwand innerhalb des Paintings projiziert. Dort, wo sich der Schirm befindet, ist vorher die Farbe von der Glasscheibe entfernt worden. Die Kamera nimmt das Matte Painting zusammen mit der rückprojizierten Realfilmszene auf. Ähnlich funktioniert das Aufprojektionsprinzip. Hierbei sind allerdings Projektor und Kamera vor dem Painting positioniert. Anstatt der für die Rückprojektion geeigneten, semitransparenten Bildwand befindet sich bei der Frontprojektion die bekanntermaßen hochreflektierende Scotchlite-Leinwand hinter der von Farbe befreiten Fläche.

Um die Qualität dieser Kombinationsmethoden zu erhöhen – das Projektionsbild der Realszene erschien oft sehr schwach und verriet somit den Trick – hat man vom Originalnegativ der Realfilmszene drei schwarzweiße Separation Masters in den Primärfarben Rot, Grün und Blau gezogen. Das Matte Painting wurde schwarz abgedeckt, und die Kamera filmte in vier Durchgängen jeweils einen projizierten, separierten Filmstreifen mit dem entsprechenden Farbfilter und zum Schluss das Gemälde mit schwarz abgedeckter Rückprojektionsfläche. Nach jeder Aufnahme wurde der Film in der Kamera zurückgespult. Separation Masters wurden zum Teil auch bei der nachfolgenden Kombinationsmethode eingesetzt.

### Bipack Printing Matte Shot

Dazu benötigt man eine spezielle Kamera mit Doppelfilmmagazin (*engl. Bipack Camera*), durch die zwei Filmstreifen Emulsion an Emulsion am Bildfenster vorbeilaufen können. Ein vom Originalnegativ gezogenes Positiv der bereits vorher aufgenommenen und zu ergänzenden Szenerie wird zusammen mit einem noch unbelichteten Negativfilm in die Kamera eingelegt. Diese wird dann auf eine Fläche gerichtet, die zu einem Teil schwarz und zu einem Teil weiß ist. Das Licht des weißen Teils der Fläche dringt beim Filmen durch den bereits belichteten Filmstreifen und kopiert ihn so auf den Negativfilm. Der schwarze Teil der Fläche verhindert, dass auf dem Negativfilm der Teil belichtet wird, der durch das Matte Painting ersetzt werden soll. Danach wird der Negativ-

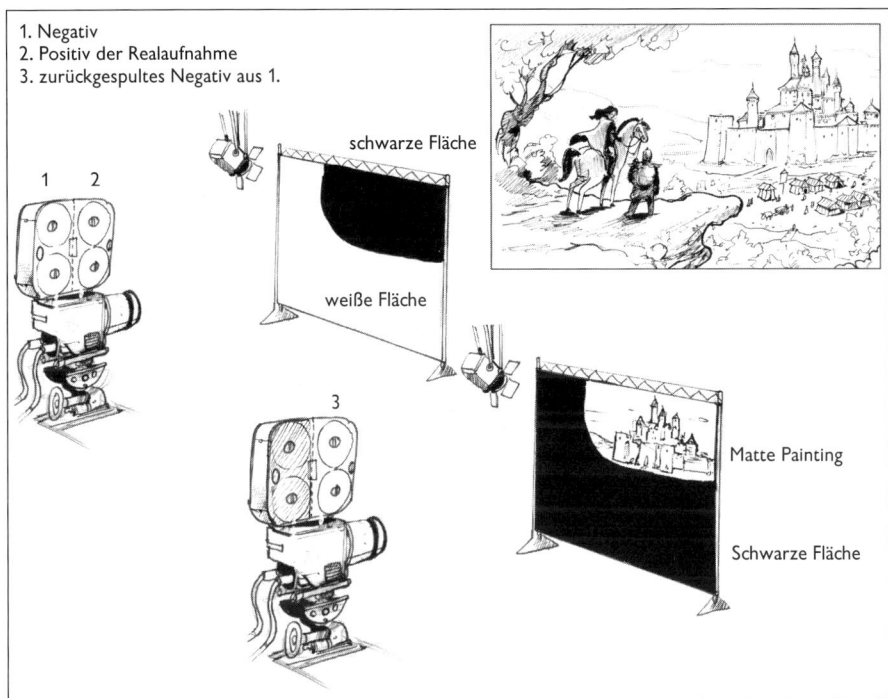

1. Negativ
2. Positiv der Realaufnahme
3. zurückgespultes Negativ aus 1.

schwarze Fläche

weiße Fläche

Matte Painting

Schwarze Fläche

*Abb. 28: Aufnahmeablauf bei einem Bipack Printing Matte Shot*

film in der Kamera zurückgespult und der schwarze gegen den weißen Teil der Fläche vertauscht. Anstatt der weißen Fläche positioniert man jetzt das Matte Painting vor der Kamera und nimmt den Positivfilm mit der realen Szenerie heraus. Der Aufnahmevorgang wiederholt sich. Das Ergebnis ist eine Kombination von Realfilm und Matte Painting in der zweiten Generation. *Bipack Printing* lässt sich auch für andere Kombinationen verwenden, z.B. Realfilm/ Realfilm oder Realfilm/ Miniaturmodell.

Um beim *Bipack Printing* perfekte Ergebnisse zu erzielen, muss das Matte Painting dem Realfilm so angepasst werden, dass die Übergänge nicht mehr wahrnehmbar sind. Dies erreicht man durch Testkombinationen unter Zuhilfenahme von dazu aufgenommenem Mehrmaterial während der Dreharbeiten. Auch beim folgenden Prinzip spielt derartiges Testmaterial eine wichtige Rolle.

**Latent Image Matte Shot**

Hierbei wird beim Filmen einer realen Szenerie mit Hilfe einer Maske vor der Kamera *der* Teil des Bildes abgedeckt (und bleibt dadurch unbelichtet), der später durch ein Matte Painting ergänzt wird. Der belichtete Film wird so lange nicht entwickelt, bis man in den vorher kaschierten Teil das Matte Painting eingefügt hat. Diese Art der Kombination Realfilm/ Matte Painting hat den Vorteil, dass sie direkt in der ersten Generation realisiert wird. Man sollte allerdings natürlich genügend Testmaterial zur

Verfügung haben, um Matte Painting und Realszene einander perfekt angleichen zu können. Wenn alles Testmaterial verbraucht ist, aber Matte Painting und Realszene noch nicht hundertprozentig zusammenpassen, ist die Gefahr allerdings groß, dass die Kombination mit dem »heißen Take« der Realszene misslingt und die gesamte Kombination unbrauchbar wird.

## Optical Composited Matte Shot

Selbstverständlich kann man auch den optischen Printer für die Kombination von Matte Paintings und Realfilm benutzen. Dabei hat das fertige Matte Painting eine schwarze Fläche genau dort, wo später der Realfilm platziert wird. Beim Abfilmen des Matte Paintings auf Negativfilm erscheint die vorher schwarze Fläche des Paintings auf dem entwickelten Negativfilm transparent. Die Fläche in der realen Szenerie, die durch das Matte Painting ersetzt werden soll, wird nachträglich (um Zeit bei den Dreharbeiten zu sparen) auf dem entwickelten Positivfilm schwarz maskiert. Beim Umkopieren auf Negativfilm erscheint nun die schwarz kaschierte Fläche des Positivfilms ebenfalls transparent. Beide Negativfilmstreifen, sowohl Matte Painting als auch Realszene, werden im optischen Printer auf Positivfilm kombiniert. Wie schon beim *Bipack Printing* erhält man eine Kombination in der zweiten Generation.

## Digital Composited Matte Shot

Die zu kombinierenden Elemente, Realszene und Matte Painting, müssen dafür zuerst digitalisiert werden. Im Computer werden mit Hilfe spezieller Software beide Elemente so manipuliert und zusammengefügt, dass die Übergänge nicht mehr sichtbar sind. Die digitale Kombinationsmethode von Matte Painting und Realszene hat sich gegenüber den optischen Methoden durchgesetzt. Digitale Kombinationen lassen sich vergleichsweise schnell realisieren und sind in der Durchführung unkomplizierter und sicherer als optische Kombinationen. Besondere Software in Verbindung mit schnellen und leistungsfähigen Prozessoren bietet heutzutage vielfältige Möglichkeiten zur Anpassung und Bearbeitung der einzelnen Bildelemente, die über das hinausgehen, was früher nur mit dem optischen Printer realisierbar war. Sogar ein unruhiger Bildstand eines oder mehrerer zu kombinierender Elemente kann digital korrigiert werden. Trotzdem ist es bei Matte Shots äußerst wichtig, dass die Kamera beim Drehen der Realfilmszene und des Matte Paintings absolut erschütterungsfrei steht. Kamerawackler und die sich daraus ergebenden Verschiebungen beider Ebenen verraten den Trick und zerstören die Illusion. Bei einer schlechten Kombination kann die Trennlinie zwischen realem und künstlichem Teil, die so genannte *Matte Line*, unangenehm sichtbar werden.

Traditionelle Matte Shots wirken durch das Fehlen der Kamerabewegung oft sehr statisch. Jedoch sind bestimmte Kamerabewegungen möglich, wenn ein Matte Shot auf einem größeren Filmformat als 35mm realisiert wird, z.B. mit Vistavision: In solchen Fällen ist es ohne hohen qualitativen Verlust möglich, in ein fertig kombiniertes Bild optisch oder digital hineinzuzoomen und den so erzeugten neuen Bildausschnitt innerhalb der Bildkanten des größeren Ausgangsformats zu bewegen. Die Möglichkeiten

Abb. 29: *Matte Artist bei der Arbeit*
Abb. 30: *Fertiges Matte Painting mit Realszenen*

von nachträglich realisierten Kamerabewegungen sind jedoch – durch die Wahl des Filmformats und dessen Auflösung – nicht nur begrenzt, sondern auch abhängig vom Motiv selbst.

Viel Erfahrung und das Gefühl für Farbe, Perspektive und Bildkomposition entscheiden über die Wirkung eines Matte Paintings. Das Painting richtet sich immer nach der Realszene und nicht umgekehrt. Viele Matte-Maler sehen sich während der Überprüfung ihrer Arbeit das Bild durch ein Medium, einen Fotoapparat oder einen Spiegel, an. Wenn Sie einmal die Gelegenheit haben, ein gutes Matte Painting näher zu betrachten, werden Sie feststellen, dass es nur aus einer bestimmten Entfernung fotorealistisch aussieht.

## Modellaufnahme *(engl. Miniature Photography)*

Der Einsatz von Miniaturen in Filmproduktionen lässt sich bis in die Anfangstage der Kinematographie zurückverfolgen. Bestimmte Objekte oder Szenerien, die aus Kostengründen nicht in Originalgröße gebaut werden können, konstruiert man auch heute noch als Modell, besonders wenn sie mit Feuer oder Wasser interagieren. Modelle funktionieren gerade beim Film so gut, weil dem Zuschauer auf der Leinwand der reale Maßstab fehlt und sich daher die wirkliche Größe eines Objekts nicht abschätzen lässt. Kameraleute, die sich auf Modelle spezialisiert haben, müssen wissen, wie sie die Einstellung drehen würden, wenn anstatt einer Miniatur- eine Realszenerie gegeben wäre. Eine Miniatureinstellung muss mit der vorhergehenden und nachfolgenden realen Einstellung korrespondieren. Die allgemeine Ansicht, dass Miniaturen, die mit Weitwinkelobjektiven von einem tiefen Kamerastandpunkt aus aufgenommen werden, groß aussehen, ist prinzipiell richtig. Wird eine derart gedrehte Miniatureinstellung allerdings in eine Sequenz eingeschnitten, die hauptsächlich mit langen Kamerabrennweiten oder von hohen Kamerastandpunkten gedreht wurde, kann die Miniatureinstellung deplatziert wirken.

*Hier einige Grundregeln, die bei einer Modellaufnahme zu beachten sind:*
Um die gesamte Miniatur im Schärfebereich zu fotografieren, ist eine kleine Blendenöffnung des Kameraobjektivs nötig. Das komplette Modell bzw. die Modellszenerie müssen scharf abgebildet werden, so als ob man eine Realszenerie fotografiert.
Bestimmte Kamerafilter tragen zu Atmosphäre und Stimmung bei.
Künstlicher Rauch kann benutzt werden, um die für eine Realszenerie realistisch-atmosphärische Diffusion darzustellen.
Die Lichtstimmung der Modellszenerie muss der einer Realszenerie entsprechen.
Kamerabewegungen können sehr zu einem realistischen Eindruck des Modells beitragen, wenn sie sinnvoll eingesetzt werden.
Modelle, die in Verbindung mit Wasser, Feuer oder Explosionen benötigt werden, sollte man so groß wie möglich bauen und mit hoher Bildgeschwindigkeit filmen. Windeffekte können dabei helfen, verräterische Wassertropfen (die sich bekanntlich nicht verkleinern lassen) zu verteilen. Alle anderen Modelle sollten gerade so groß gebaut werden, dass genügend Details erkennbar sind und diese sich scharf fotografieren lassen.
Als Daumenregel gilt: Die Bildgeschwindigkeit pro Sekunde, mit der man ein Modell aufnehmen sollte, entspricht der Quadratwurzel des Modellmaßstabs, multipliziert mit der Normalgeschwindigkeit von 24 Bildern pro Sekunde.

Ein Modell im Maßstab 1:16 muss demnach mit einer Bildgeschwindigkeit von 96 Bildern pro Sekunde gedreht werden.
Unbefriedigende Modellaufnahmen entstehen meist dann, wenn aus budgettechnischen Gründen der Modellmaßstab nicht groß genug gewählt wurde. Wie bereits erwähnt, ist der Maßstab – gerade bei Miniaturaufnahmen mit Wasser, Feuer oder Explosionen – entscheidend. Bevor man eine Modellaufnahme realisiert, die nach ihrer Integration in eine dramatische Realszene ihre Wirkung beim Zuschauer verfehlt und eher unnatürlich oder sogar komisch wirkt, sollte man sich eher eine alternative Möglichkeit der Realisierung überlegen. Manchmal ist es sogar besser, auf eine Effekteinstellung zu verzichten, als zu versuchen, mit einem zu geringen Budget Wunder zu vollbringen.
Neue, spektakuläre Effekteinstellungen ließen sich durch Kombinationen von Modellen mit Travelling Matte Composite Photography und Motion Control erzeugen.

## Travelling Matte Composite Photography

Diese Technik galt als eine der populärsten, aber bis zur Einführung der digitalen Bildbearbeitung auch als eine der technisch kompliziertesten. Bei den Bildmasken, mit denen wir uns bis jetzt beschäftigt haben (Mehrfachbelichtung mit Hilfe von Masken, Kameramasken, die Kaschierung eines bestimmten Bildausschnitts beim Latent Image Matte Process), handelte es sich durchgehend um unbewegte Bildmasken, so genannte Stationary Mattes. Alle (mit Ausnahme spezieller Kameramasken für Fernrohr- oder Schlüsselocheffekte) haben eines gemeinsam, nämlich diejenigen Bildausschnitte zu maskieren und damit freizuhalten, in die Matte Paintings, Modelle oder ganze Szenerien inklusive Darsteller eingefügt werden sollen. Der Travelling Matte Process (»Wandermaskenverfahren«) wurde entwickelt, um in einer Einstellung *sich bewegende* Objekte oder Darsteller mit Aufnahmen zu kombinieren, die an einem anderen Ort oder zu einer anderen Zeit aufgenommen wurden, u.a. können dies Aufnahmen von real gefilmten Szenerien, Miniaturen, Fotos oder Paintings sein.
Ein einfaches Beispiel: Für einen Kinofilm wird eine Einstellung benötigt, in der ein Darsteller vor dem Eiffelturm auf eine »Verabredung« wartet. Aus bestimmten Gründen lässt sich diese Einstellung nicht direkt in Paris mit dem Schauspieler realisieren. Beide Motive müssen also einzeln aufgenommen und danach zusammengefügt werden. Zunächst filmt ein Kamerateam die Hintergrundplate (der Ausdruck »Plate« stammt noch aus der Zeit, als solche Aufnahmen in der Fotografie auf Glasplatten entstanden) mit dem Eiffelturm. Dann wird im Studio das Vordergrundelement der geplanten Kombination, in diesem Fall der Darsteller, vor einem weißen Hintergrund aufgenommen. Bei der Aufnahme wandert er ungeduldig im Bildausschnitt hin und her, weil sich seine »Verabredung« laut Drehbuch verspätet. Die Kamera wird während der beiden separaten Aufnahmen von Hinter- und Vordergrund nicht bewegt.
Die beiden belichteten Negative werden entwickelt. Würde man aber das Positiv mit dem Schauspieler, der vor dem weißen – auf einem Filmstreifen transparent erscheinenden – Studiohintergrund agierte, über das Positiv mit dem Eiffelturm legen, würde

sich Letzterer durch den Darsteller im Vordergrund blenden. Ein typisches Geisterbild würde entstehen, ähnlich wie bei der Mehrfachbelichtung in der Kamera.
Was muss nun passieren, um den Darsteller so in die Hintergrundplate zu integrieren, dass der Background nicht durchscheint? Dazu muss man aus der Plate die Stellen »herausstanzen« bzw. total transparent machen, die exakt der Silhouette des Schauspielers im Vordergrund entsprechen. Erst dann kann man den Filmstreifen mit dem Schauspieler problemlos einfügen. Dazu benötigt man spezielle Masken, die exakt den Umrissen und Formen des Darstellers entsprechen, mit deren Hilfe man diese »Löcher« aus der Hintergrundplate »stanzt«. Solche Kaschmasken generiert man unter Zuhilfenahme der in einem speziellen Verfahren aufgenommenen Vordergrundobjekte. Der gesamte Prozess der Maskenherstellung und Kombination von Vorder- und Hintergrund, dessen Einzelelemente auf Belichtungsmaterial aufgenommen wurden, läuft mittlerweile bis auf die Aufnahme selbst im Computer ab. Spezielle Compositing-Software bietet heute passablere Werkzeuge für die (digitale) Bearbeitung der Einzelelemente als ein optischer Printer. Dadurch ist das Travelling-Matte-Verfahren schneller, einfacher und billiger geworden. Gewisse Grundregeln, gerade bei der Aufnahme der zu kombinierenden Elemente, müssen allerdings beachtet werden.

## Colour Difference Travelling Matte System/ Bluescreen-Prozess

Dieses Verfahren der Travelling-Matte-Herstellung hat sich seit Einführung des Farbfilms durchgesetzt. Jede Filmkamera, die über eine Pin-Registrierung zur Bildstandsstabilität verfügt, ist für die Einrichtung von Bluescreen-Aufnahmen geeignet. Die Fläche, vor der der Darsteller im Vordergrund agiert, muss allerdings in einem besonderen Blauton gehalten werden, der in der Kleidung des Akteurs nicht auftreten darf. Mit Hilfe des Bluescreen-Verfahrens können sogar Masken für zu separierende Elemente wie Rauch, Wasser oder Objekte aus Glas hergestellt werden. In unserem Beispiel (Eiffelturm) würde es dem Darsteller im Vordergrund möglich sein, sich in den getrennt aufgenommenen Hintergrund der Pariser Location hinein zu bewegen und um Objekte im Hintergrund sogar herumzugehen. Der vom Darsteller generierte Schatten kann mit übernommen und in den Background integriert werden. Die Maskenerzeugung für die Kombination von Vorder- und Hintergrund im optischen Printer ist ein kompliziertes und aufwendiges Verfahren, das hier nur in den wesentlichen Schritten erklärt werden soll: Das Farbpositiv des Darstellers vor dem Bluescreen wird in drei Colour Separation Master zerlegt, je eines für die Farben Blau, Grün und Rot. Man kopiert das blaue Separation Master auf Schwarzweißfilm, auf dem alles, was vorher blau war, schwarz erscheint. An den Bild-Stellen wo sich der Darsteller befindet, sieht man eine völlig transparente Silhouette (Grün- und Rotanteile des Darstellerbildes befinden sich auf den übrigen Separation Masters). Der so entstandene Maskenfilm wird nun benutzt, um das Blau aus dem originalen Farbpositiv (mit dem Schauspieler) zu eliminieren. Auf diese Weise erhält man einen Filmstreifen, der bis auf das Bild des Darstellers transparent ist. Der gleiche Maskenfilm wird nun umkopiert, sodass alles, was vorher schwarz war, transparent erscheint, ausgenommen die Silhouette des Darstellers, die als schwarze Maske vorliegt. Dieser Maskenfilm ›stanzt‹ in einem optischen

Vorgang die Stelle aus dem Positivfilm des Hintergrunds heraus, in die der Darsteller eingefügt werden soll. Der mit dem Schauspieler präparierte Positivfilm (auf dem alles, was vorher blau war, transparent ist) wird anschließend zusammen mit dem ›ausgestanzten‹ Hintergrundfilm des Eiffelturms im optischen Printer zu einer Einstellung kombiniert. Bei ungenau kombinierten Bluescreen Shots (oder Filmschrumpfungen) tritt häufig das Phänomen einer sichtbaren *Matte Line* auf, eine unruhige Linie entlang der Silhouette eines in den Hintergrund eingefügten Objekts bzw. einer Person. Gerade bei der Film-Projektion auf eine Leinwand wirkt diese *Matte Line* störend, die durch haarfeine Ungenauigkeiten während der zahlreichen optischen Kopier- und Kombinationsprozesse im Printer entsteht, und kann den Effekt zunichte machen. Deshalb werden bei Bluescreen-Aufnahmen größere Filmformate als 35mm bevorzugt (Vistavision, 65mm), die nicht nur den Vorteil höherer Bildinformation besitzen, sondern durch die größere Anzahl von Perforationslöchern mehr Sicherheit bezüglich Bildstand bieten.

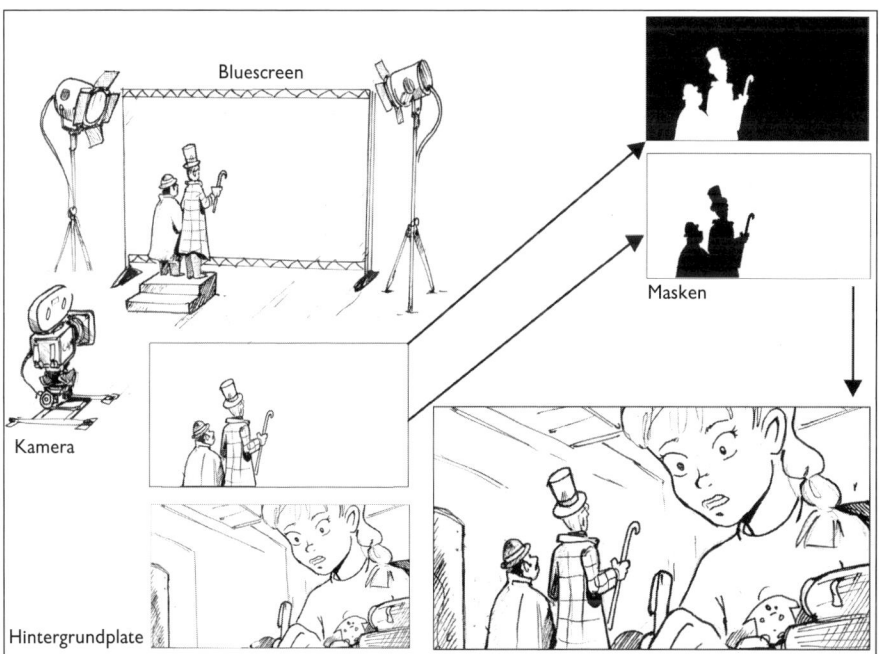

*Abb. 31: Stark vereinfachter Ablauf einer Bluescreen-Kombinationsaufnahme*

Seit Einführung der digitalen Bildbearbeitung verwendet man anstatt eines Bluescreen häufig auch Greenscreen. Ein Grund dafür, das Grün dem Blau vorzuziehen, ist die Tatsache, dass der Computer bei der digitalen Bearbeitung eines Bildes den grünen Farbkanal besser als den blauen separieren kann. Bevor allerdings eine Colour-Difference-Einstellung im Computer bearbeitet werden kann, muss man das Negativ des Blue- bzw. Greenscreen-Vordergrunds (mit dem Darsteller) sowie den Hintergrund (mit dem Eiffelturm) digitalisieren. Erst danach können die für die Kombination benötigten Masken (hier: *Alpha-Channels*) im Rechner erzeugt werden.

Ursprünglich mussten Travelling Mattes auch für Fernsehfilme auf fotochemischem Wege realisiert werden. Die fertige Kombination wurde auf ein Videoband überspielt. Mit der Einführung des *Chroma Keying* bot sich dann eine Alternative zur optischen Bearbeitung an. Man unterscheidet zwischen *analogem* – ein Videosignal wird auf ein anderes gelegt und nur noch in Live-Programmen wie den Nachrichten oder dem Wetterbericht eingesetzt – und *digitalem Chroma Keying*, das die Bearbeitung von farblich hochsaturiertem wie auch von gedämpftem Ausgangsmaterial erlaubt.

## Motion Control

Motion Control bezeichnet ein computergesteuertes, mechanisches System, das von einem Operator programmierte Kamera- oder Objektbewegungen beliebig oft und exakt wiederholen kann. Dieses System, das aus der Raumfahrtindustrie der späten 1960er Jahre stammt, ist ein wichtiges Instrument für die Realisierung visueller Effekte.

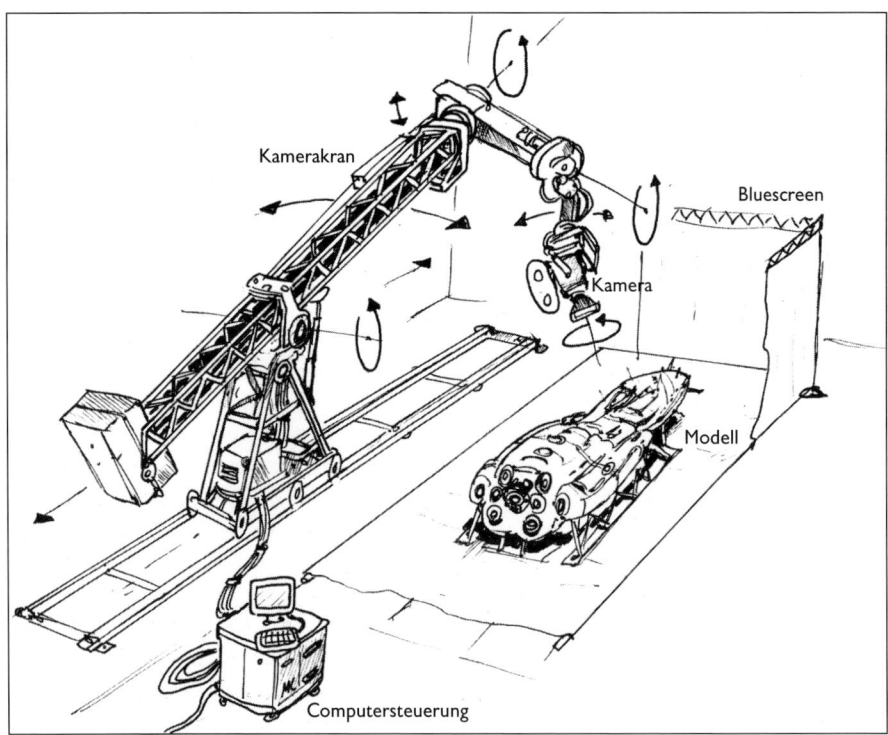

Abb. 32: Aufbau einer Motion-Control-Anlage

Prinzipiell gibt es a) transportable Motion-Control-Systeme, die auch für Dreharbeiten außerhalb eines Studios benutzt werden können, sowie b) fest installierte Studio-Motion-Control-Systeme. Aufbau und Bedienung von Motion-Control-Systemen sollten ausschließlich durch erfahrene Fachkräfte erfolgen.

## a) transportables Motion-Control-System:

Mit der Kamera werden Einstellungen – in die Darsteller integriert sind – in Echtzeit (24 Bilder pro Sekunde) aufgenommen. Das gesamte System arbeitet sehr geräuscharm, damit auch Dialogaufnahmen möglich sind.

## b) festinstalliertes Studio-Motion-Control-System:

Das Haupteinsatzgebiet dieses Systems ist die Modellaufnahme. Früher wurden Flugzeug- oder Raumschiffmodelle an ›unsichtbare‹ Drähte gehängt und vor der Kamera wie Marionetten manipuliert. Es war schwierig, die (aus Kostengründen) meist recht kleinen Modelle im Schärfebereich zu fotografieren und ihnen mit der Beleuchtung zu folgen. Außerdem waren die Bewegungen sehr begrenzt. Motion-Control-Technik in Kombination mit Travelling Matte Composite Photography bot sich da als ideale Lösung an. Jetzt wurde nicht mehr ausschließlich das Modell bewegt, sondern auch die Kamera, und Hintergründe ließen sich nachträglich beliebig einfügen. Durch die elektronische Steuerung des Kameraverschlusses (Belichtungszeiten von 1/4 Sekunde bis extrem lang) und der Blendenöffnung in Abhängigkeit zur Bildfrequenz lassen sich Bewegungsunschärfe (engl. *Motion Blur*) und Tiefenschärfe kontrollieren. Für eine Effekteinstellung, in der ein Raumschiff durchs All fliegt, nimmt man mehrere Durchgänge für unterschiedliche Bildinformationen mit Hilfe eines Motion-Control-Systems auf. Das Raumschiffmodell selbst wird zunächst vor Blue- oder Greenscreen auf einem stabilen Ständer oder einem so genannten ›Modelmover‹ befestigt, eine ebenfalls Motion-Control-gesteuerte Apparatur, die für leichte Bewegungen des Modells sorgt. Der ›Modelmover‹ arbeitet synchron zu den Bewegungen des Hauptsystems. Nachdem Kamera- und Modellbewegung programmiert und gespeichert sind, leuchtet man das Raumschiff aus und dreht den so genannten ›Beauty Pass‹. Diese Aufnahme registriert alle sichtbaren Details bzw. erfasst ein Modell in seiner ganzen Vollkommenheit. Danach schaltet man alle anderen Lichtquellen aus und aktiviert, falls vorhanden, die Innenbeleuchtung des Raumschiffs. Die meist recht schwachen Beleuchtungskörper in seinem Inneren benötigen relativ lange Belichtungszeiten. Auch dieser ›Light Pass‹ wird mittels Motion Control mit der gleichen Kamerabewegung ausgeführt. Oft wird auch noch ein zusätzlicher Durchgang für die Beleuchtung der Antriebsaggregate gedreht. Die separat aufgenommenen Motion-Control-Durchgänge für Antriebsaggregate, Innenbeleuchtung und Oberflächendetails werden optisch oder digital zu einer Aufnahme zusammengefügt und u.U. mit einem Matte Painting eines Sternenfelds kombiniert. Bei einer anderen Variante wird anstatt eines Blue- oder Greenscreen zur Maskenherstellung das *Front Light/ Back Light*-Verfahren eingesetzt, eine besondere Travelling-Matte-Technik, die nur in Verbindung mit Motion Control funktioniert. Zuerst dreht man den *Beauty Pass* mit dem ausgeleuchteten Modell vor einem schwarzen Hintergrund. Anschließend wird dieser gegen einen weißen ausgetauscht und die Modell-beleuchtung ausgeschaltet. Das Resultat der erneuten Aufnahme ist eine schwarze Sil-houette gegen einen transparenten (weil weißen) Hintergrund (engl. Matte Pass). Beau-ty und Matte Pass lassen sich – zusammen mit einem neuen Hintergrund – optisch oder digital zu einer Gesamteinstellung kombinieren. Für etwaige Raumschlachten werden die Modelle einzeln mit Motion-Control-Technik aufgenommen. Zusätzlich fügt man in der Postproduktion animierte Laserstrahlen und reale Explosionen ein.

Die meisten Motion-Control-Systeme bieten verschiedene Programmierungsmög-lichkeiten von Bewegungen. Es werden Joysticks benutzt, um die Elektromotoren, die die einzelnen Achsen des Systems bewegen, manuell anzusteuern. Dabei lassen sich entweder ein Motor oder auch mehrere parallel ansteuern. Mit Hilfe des Joysticks kann man das System zu einer Serie von vorgeplanten Positionen (engl. Key Positions) fahren. Dabei speichert der Computer jede einzelne Position. Später generiert er eine mathematisch fließende Bewegung zwischen diesen Positionen. Bewegungen können auch komplett über den Computer erstellt und editiert werden.

Die Verwendung von Motion-Control-Systemen für Spezialeffekte in Film- und Fern-sehproduktionen ist allerdings rückläufig. Im TV-Bereich wird die Motion-Control-Modellfotografie durch computererzeugte und -animierte Modelle verdrängt, die mitt-lerweile billiger und schneller zu produzieren sind. Oft ist es auch am Set aus Zeit-, Platz- oder technischen Gründen nicht möglich, bewegte Einstellungen, in die später Objekte eingefügt werden sollen, mit Motion-Control-Systemen zu drehen. In diesem Fall lassen sich herkömmliche Kamerabewegungen in der Postproduktion mit Hilfe von Motion-Tracking-Software digital nachvollziehen (engl. Matchmoving), um nach-träglich computererzeugte Objekte zu ergänzen, die sich nahtlos in die Szenerie inte-grieren. Digitale Kamera-Tracking-Daten der Aufnahme eines Hintergrunds können konvertiert allerdings auch zur Programmierung einer Motion-Control-Anlage benutzt werden. Dieses Verfahren wendet man an, um ein Modell in eine bewegte Hintergrund-aufnahme einzupassen. Das Modell wird dabei exakt mit den gleichen Kamera-bewegungen gefilmt, die die Kamera bei der Hintergrundaufnahme ausgeführt hat.

Nur wenn man für eine Effekteinstellung eine Szene zweimal exakt mit der gleichen Kamerabewegung aufnehmen muss, wird der Einsatz von Motion Control notwendig.

## Stop- und Go-Motion-Animation

Die Grundlage dieser beiden Animationstechniken bildet wie beim zweidimensionalen Zeichenfilm die Einzelbildbelichtung.

Bei der Stop-Motion-Animation verändert der Animator zwischen jeder Aufnahme eines Einzelbildes per Hand die Position des zu animierenden, dreidimensionalen Ob-jekts. Wenn der Film entwickelt und mit Normalgeschwindigkeit projiziert wird, ent-steht die Illusion einer flüssigen Bewegung.

Geeignete Objekte für diese Animationstechnik sind Knet- und Plastilinfiguren (vgl. Chicken Run) oder spezielle Gummipuppen mit Metallskelett (engl. Ball and Socket

*Armature)*, die in den *King Kong-* und *Sindbad*-Filmen von Willis O'Brien und seinem Protegé Ray Harryhausen in Verbindung mit Einzelbild-Miniatur-Rückpro eingesetzt wurden.

Einfache, aber auch komplizierte Kamerabewegungen sind bei der Stop Motion grundsätzlich möglich, allerdings muss dabei die Kamera synchron zur Animation einer Figur, ebenfalls einzelbildweise, bewegt werden. Dafür bietet sich eine Motion-Control-gesteuerte Kamera an.

Ein entscheidender Nachteil der Stop-Motion-Animation ist das Fehlen realistischer Bewegungsunschärfe (engl. *Motion Blur*). Beim Filmen eines echtes Tieres in Bewegung (z.B. eines galoppierenden Pferdes) mit einer Verschlussgeschwindigkeit von 1/48 Sekunde entsteht eine Bewegungsunschärfe während der Belichtung eines jeden Einzelbildes, da diese Einstellung für Objekte in Bewegung zu langsam ist. Ein Stop-Motion-Einzelbild wird dagegen belichtet, wenn die Figur absolut still steht. Zusätzlich ist jedes

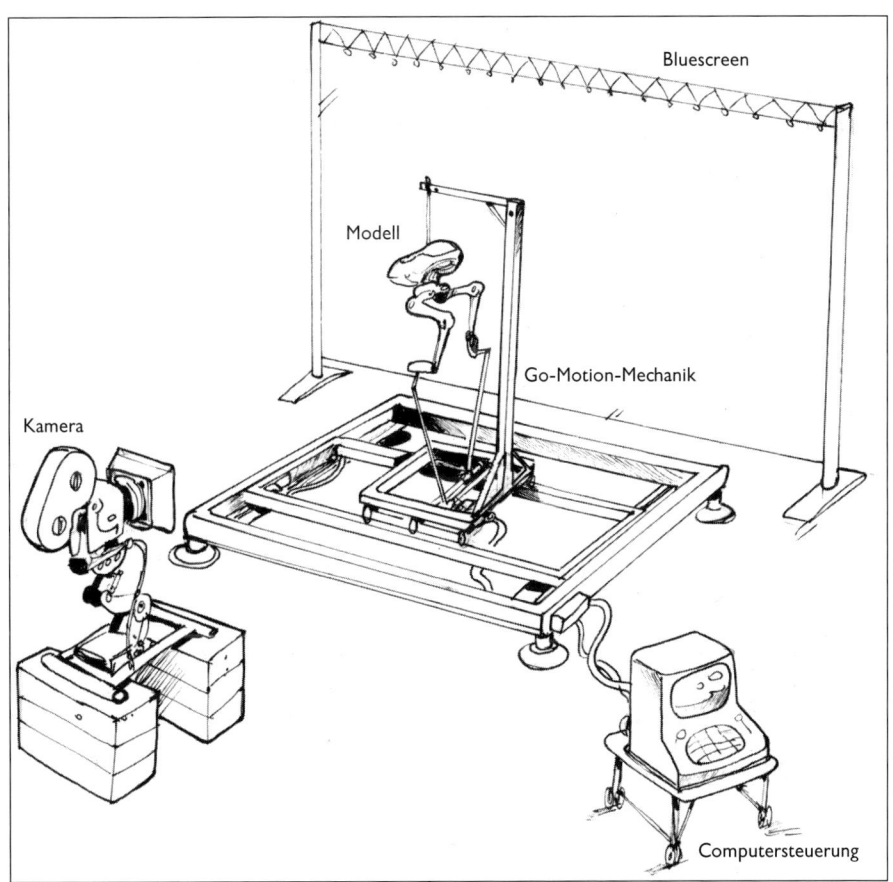

*Abb. 33: Go-Motion-Aufbau*

Einzelbild noch sehr scharf. Dies führt zu einem »stroboskopartigen« Effekt, wenn man die fertige Animation mit normaler Geschwindigkeit projiziert.

Das Studium der Bewegungsabläufe von Tieren und Menschen ist eine der Grundvoraussetzungen, um Stop Motion erfolgreich einsetzen zu können. Die besten Stop-Motion-Animatoren besitzen ausgezeichnete Anatomiekenntnisse und können darüberhinaus sehr gut zeichnen und modellieren.

Eine konsequente Weiterentwicklung der Stop Motion war die so genannte Go-Motion-Animation, eine Kombination aus Einzelbildaufnahme, Stabpuppenspiel, Motion-Control-Technik und Stop Motion. Mit Hilfe dieser Animationstechnik lassen sich die mit der traditionellen Stop Motion nicht realisierbaren Bewegungsunschärfen erzeugen. Dazu sind an bestimmten Punkten der zu animierenden Figur Stäbe befestigt. Diese wiederum sind mit Elektromotoren gekoppelt, die über einen Computer angesteuert werden. So können Bewegungsabläufe vom Animator vorprogrammiert werden. Während einer Einzelbildbelichtung wird die Figur computerkontrolliert mechanisch bewegt, was bei Projektion der Einzelbilder in Normalgeschwindigkeit eine realistische Bewegungsunschärfe zur Folge hat. Sekundäre Bewegungen der Figur animiert man zusätzlich mit Stop Motion.

Vor Einführung der Computeranimation war dieses aufwendige Verfahren die Spitze des Machbaren. Die zum Teil sichtbaren Stäbe mussten via *Rotoscoping* retuschiert werden.

## Rotoscoping

Es bezeichnet eine zweidimensionale, eng mit dem klassischen Zeichentrick verwandte Animationstechnik. Auf einen speziellen Zeichentisch wird jeweils ein Einzelbild eines real gefilmten Darstellers projiziert, dessen Umrisse ein Animator Bild für Bild auf Papierblätter überträgt. So werden auf eine gezeichnete Figur ganz realistische Bewegungsabläufe projiziert. Das Verfahren eignet sich außerdem zur Herstellung von handgezeichneten Masken und Zeichenfilmelementen, die mit Realfilm kombiniert werden können.

Die wichtigsten technischen Hilfsmittel für das *Rotoscoping* (oder *Kinoxen* – wie man dafür auch sagen kann) sind Kamera, Zeichentisch und optischer Printer. Eine *Rotoscoping*-Kamera kann sowohl Bilder aufnehmen als auch projizieren. Sie ist, mit der Kameralinse senkrecht nach unten auf die Zeichenfläche gerichtet, am Animationstisch (hier speziell *Rotoscope Stand*) befestigt.

Auch die Lichtschwerter aus dem *Krieg der Sterne* wurden via *Rotoscoping* realisiert. Bei den Dreharbeiten kämpften die Darsteller mit Schwertern, deren Klingen aus simplen, mit Frontprojektionsfolie beschichteten Holzstäben bestanden. Der entwickelte Film wurde anschließend in eine *Rotoscoping*-Kamera gelegt. Auf Projektion geschaltet, warf die Kamera das erste Bild auf die Zeichenfläche des Animators, der nun Kader für Kader anhand der Projektion die Holzstäbe auf Papier exakt nachzuzeichnen begann. Das Blatt wurde auf einer Seite gelocht und durch in die Lochung passende Metallstifte (engl. *Registration pegs*) auf der Zeichenfläche fixiert. Nach jeder Zeichnung betätigte der Animator einen Schalter, der den Film in der Kamera zum nächsten Bild weitertransportierte.

Nachdem alle Einzelbilder auf Papierphase übertragen waren, wurde jedes Blatt mit der *Rotoscoping*-Kamera, in der sich jetzt unbelichteter Film befand, einzeln abfotografiert. Der entwickelte Positivfilm mit den gezeichneten Schwertklingen, die exakt in der gleichen Position wie die zuvor aufgenommenen, realen Holzklingen waren, wurde auf Negativfilm umkopiert, wobei man mit verschiedenen Farb- und Diffusionsfiltern arbeitete, um den Effekt einer leuchtenden und farbigen Lichtschwertklinge zu erhalten. Anschließend wurde das Negativ mit den farbig leuchtenden, gezeichneten Klingen wieder auf Positivfilm kopiert und mit dem Realfilm kombiniert. Bei der Vorführung wurden jetzt leuchtende Lichtschwerter geschwungen anstatt der Holzstäbe.

Wir unterscheiden zwischen zwei Kategorien von *Rotoscoping*-Effekten: den ›sichtbaren‹ wie animierten Laserstrahlen, Blitzen oder eben Lichtschwertern und den ›unsichtbaren‹. Dazu gehören *Articulated Mattes*, *Rod Articulated Mattes*, *Garbage Mattes* und *Blue Spill Mattes*. Zweck der zweiten Kategorie ist es, Bildteile zu entfernen, die auf dem endgültigen Film nicht erscheinen sollen. Es kann vorkommen, dass handgezeichnete Travelling Mattes für ein Objekt realisiert werden müssen, weil es nicht möglich war, hinter einem Objekt einen Bluescreen zu platzieren (*Articulated Mattes*).

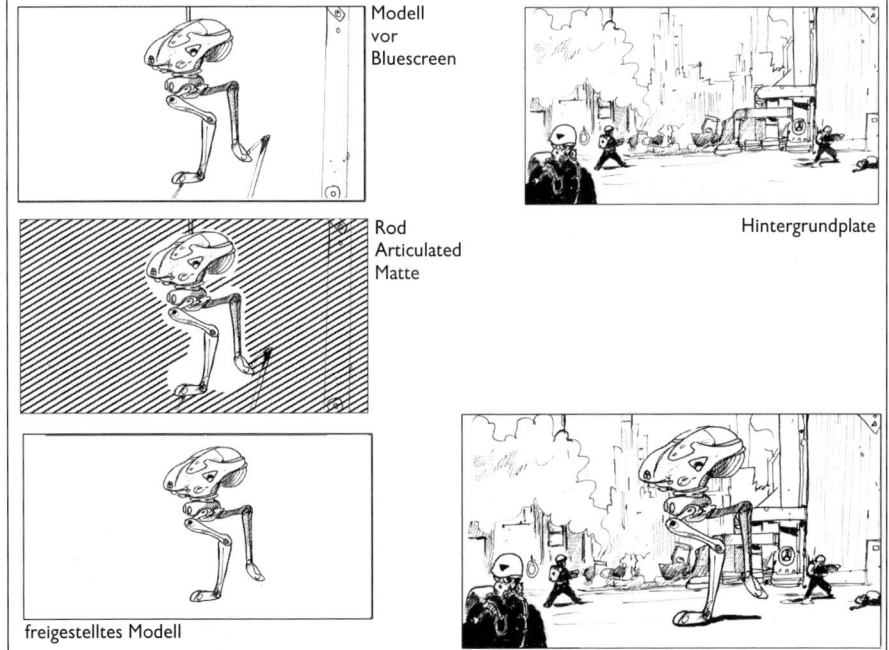

Modell
vor
Bluescreen

Rod
Articulated
Matte

freigestelltes Modell

Hintergrundplate

*Abb. 34: Herstellungsprozeß von Rod Articulated Mattes mittels Rotoscoping und anschließender Kombination mit separatem Hintergrund*

Bei der Go-Motion Technik müssen die sichtbaren Stäbe entfernt werden (*Rod Articulated Mattes*).

Mit einfachen ›Abfallmasken‹ (*engl. Garbage Mattes*) werden Bildelemente, die zum Studioinventar gehören, eliminiert. Es kann vorkommen, dass versehentlich blaues Streulicht von einem Bluescreen auf die Darsteller im Vordergrund fällt. Dieses erzeugt normalerweise ›Löcher‹ in den Abdeckmasken (der Darsteller), weil alles Blau automatisch aus dem Bild entfernt wird. Eine *Blue Spill Matte* isoliert den Bereich der Darsteller, auf den das Streulicht gefallen ist. Diese spezielle Abdeckmaske muss mit den Umrissen der Darsteller exakt übereinstimmen, um eine *Matte Line* zu verhindern.

Auch das herkömmliche *Rotoscoping* ist mittlerweile vom *digitalen Rotoscoping* abgelöst worden. Trotzdem werden Masken oft noch von Hand gezeichnet, allerdings nicht mehr auf Papier, sondern auf elektronische Grafik-Tableaus, die direkt mit dem Computer verbunden sind. Dadurch erhält man mehr und vor allem schnellere Korrekturmöglichkeiten und kann im digitalen Compositing die fertige Kombination mit dem Realfilm auf dem Bildschirm in einem Bruchteil der früher benötigten Zeit kontrollieren.

*Abb. 35: Digitales Rotoscoping – ein Schauspieler wird digital ›ausgeschnitten‹ (weiße Umrandung) und in einen neuen Hintergrund eingepasst*

Fast alle der bisher beschriebenen Effekttechniken wurden mehr oder weniger von der Einführung digitaler Bildbearbeitung beeinflusst, manche sogar komplett von ihr verdrängt. Dennoch gehört die Kenntnis konventioneller Effekte, ihrer (ästhetischen und dramaturgischen) Einsatzgebiete und ihrer Funktionsweise zu den Voraussetzungen für eine erfolgreiche digitale Planung. Einige der führenden Spezialisten für digitale Effekte hatten das Glück, einen Crash-Kurs auf dem Gebiet des herkömmlichen Filmtricks zu absolvieren. Die dabei gewonnenen Kenntnisse haben ihnen geholfen, sich auch in der Welt der Bits und Bytes zurechtzufinden.

# Digitale Effekte

Einerseits lassen sich reale Filmaufnahmen im Computer digital manipulieren, andererseits kann man Objekte und Bilder direkt im Rechner erzeugen (engl. *Computer Generated Imagery, CGI*) und anschließend mit Realaufnahmen kombinieren. Die Technik der Computergrafik wurde in den 1960er-Jahren von Luft- und Raumfahrt sowie militärischen Forschungsinstituten vorangetrieben. Bis Anfang der achtziger Jahre verfügten fast ausschließlich groß angelegte Forschungsprojekte über die Möglichkeit, im Rechner 3D-Räume zu kreieren.

## Digitalisierung – vom Film in den Rechner und zurück

Um zweidimensionale Vorlagen, Fotos, Zeichnungen, Video- oder Filmaufnahmen, überhaupt erst digital bearbeiten zu können, muss man sie in eine für den Computer lesbare Form bringen. Dazu gibt es verschiedene technische Möglichkeiten (*Input Devices*):
- Flachbett- und Trommelscanner für die Digitalisierung von Fotos oder Zeichnungen
- Analog-/ Digitalwandler für die Wandlung von analogen Videoformaten wie VHS, Hi8 oder Betacam SP in digitale Videoformate
- Filmabtaster für den Transfer von Filmmaterial auf digitale Videoformate oder Datenträger
- Hochauflösende Filmscanner für die Digitalisierung von Filmmaterial

**Filmabtastung** *(engl. TeleCine):*
So bezeichnet man den technischen Prozess des Transfers von Filmmaterial auf Videoband. Ursprünglich war der Abtaster nach dem Vorbild eines optischen Printers aus einem Filmprojektor konstruiert, der auf das Objektiv einer Videokamera ausgerichtet war. Bei dieser Methode war es kaum möglich, Einfluss auf Farbe und Helligkeit des Bildes zu nehmen, was bei den heute angewendeten Techniken neben hoher Auflösung (mittlerweile bis zu 2K) und Abtastungsgeschwindigkeit selbstverständlich ist.

 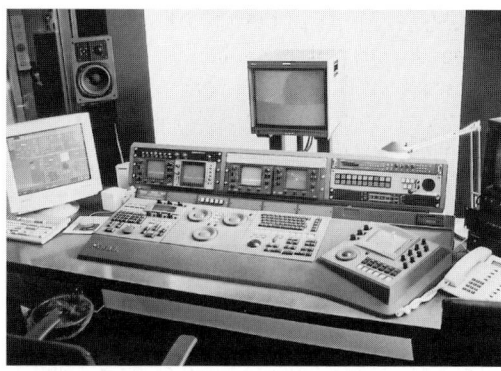

*Abb. 36: Filmabtaster Phillips BTS Spirit Data Cine (links)*
*Abb. 37: Pogle/ Korrektureinheit (oben)*

Nachfolgend eine Übersicht der gängigsten Filmabtastungen. Bitte beachten Sie, dass jedes Video-Einzelbild aus zwei Feldern besteht, wobei eines alle geraden, das andere alle ungeraden Linien des Einzelbilds beinhaltet.

### Filmabtastung 25 Bilder pro Sekunde

Bildgeschwindigkeit der aufnehmenden Filmkamera pro Sekunde: 25 Einzelbilder.
Abtastung: 25 Film-Einzelbilder werden auf 25 Video-Einzelbilder transferiert. Jedes Film-Einzelbild wird zu einem Video-Einzelbild.
Die unproblematischste Abtastung im Hinblick auf digitale Bildbearbeitung. Wenn ein Format ausschließlich für PAL-TV produziert wird, dreht man mit 25 Bildern/ Sekunde, was für die gesamte Postproduktion hilfreich ist.

### Filmabtastung 24 Bilder pro Sekunde

Bildgeschwindigkeit der aufnehmenden Filmkamera pro Sekunde: 24 Einzelbilder.
Abtastung: 24 Film-Einzelbilder werden auf 24 Video-Einzelbilder transferiert. Jedes Film-Einzelbild wird somit zu einem Video-Einzelbild.
Wenn man sich das Videoband dieser Abtastung mit normaler Geschwindigkeit (25 Bilder pro Sekunde für PAL Video) ansieht, läuft der Beitrag auf Video um ca. 4,16 Prozent schneller als auf Film (25 Film-Einzelbilder = 1,0416 Sekunden Film, entspricht nach der Abtastung 25 PAL-Video-Einzelbildern = 1 Sekunde Video).
Es besteht auch die Möglichkeit, bei einer Filmabtastung von 24 Filmbildern/ Sekunde auf 25 Videobilder/ Sekunde jedes 12. Filmbild zu verdoppeln. Damit laufen Film- und Videobild gleich schnell, allerdings kann man bei Kameraschwenks auch »Rucker« im Bild (hervorgerufen durch das verdoppelte 12. Bild) feststellen. Für die digitale Bildbearbeitung ist bildsynchrone Abtastung (1 Film-Einzelbild = 1 Video-Einzelbild) der zeitsynchronen Abtastung immer vorzuziehen.

## Filmabtastung auf NTSC 30 Bilder pro Sekunde

Bildgeschwindigkeit der aufnehmenden Filmkamera/ Sekunde: 24 Einzelbilder. Abtastung: 24 Film-Einzelbilder werden auf 30 Video-Einzelbilder transferiert. Hierbei kommt ein so genannter 3:2 Pulldown zum Einsatz. 12 Video-Felder (enstprechen 6 Video-Einzelbildern) werden pro Sekunde addiert, um auf 30 Video-Einzelbilder/ Sekunde NTSC-Video zu kommen.

Bei der digitalen Bearbeitung ist zu beachten, dass z.b. in das Realbild einzufügende Animation auf 24 Bilder/ Sekunde angelegt wird. Dafür wird zunächst der 3:2 Pulldown entfernt, um ihn nach dem Compositing wieder hinzuzufügen.

Die Abtastung hat Auswirkungen auf das Filmkorn, das ausgewaschen wird. Wenn abgetastetes Filmmaterial wieder auf Film zurücktransferiert werden soll, muss häufig Filmkorn simuliert werden, um es dem originalen Filmmaterial anzupassen.

Ein viel größeres Problem stellt das Bildrauschen dar, das durch Abtastung des Filmmaterials selbst produziert wird. Dieses Rauschen ist abhängig vom jeweiligen Farbkanal. Der blaue Farbkanal rauscht wesentlich mehr als die übrigen Farbkanäle: ein Grund, Greenscreen dem Bluescreen vorzuziehen, wenn man mit abgetastetem Material arbeitet. Abtaster produzieren in der Regel weniger Rauschen im grünen Farbspektrum als im blauen. Hinzu kommt, dass die grüne Farbschicht der meisten Filme ein feineres Korn besitzt.

Wenn man von Film auf Video abgetastetes Blue- oder Greenscreen-Material bekommt, ist es außerdem wichtig, dass das im Bild erscheinende Blau oder Grün des Blue- bzw. Greenscreen gleichmäßig gesättigt ist. Wenn das bei der Abtastung vorkorrigierte Material im digitalen Compositing schwierig zu bearbeiten ist, sollte man versuchen, zunächst mit dem unkorrigierten Material zu arbeiten. Es ist kein Problem, erst nach dem Compositing Farbkorrekturen vorzunehmen.

In der Vergangenheit klaffte eine große Lücke zwischen Filmabtastung und Film-Scanning in Bezug auf Auflösung, Farbtiefe, Bildstand und Geschwindigkeit. Die Abtastung wurde ursprünglich nur für den Film-Transfer auf Videoformate für den Fernseheinsatz (TV-Movies, Serien, auf Filmmaterial gedrehte Reportagen und Dokumentationen, Kinofilme auf Video etc.) eingesetzt. Die neueste Generation von Filmabtastern kommt mittlerweile qualitativ sehr nah an Film-Scanning heran.

## Film-Scanning

Hochauflösende Filmscanner werden fast ausschließlich für die Digitalisierung von Filmmaterial eingesetzt, welches nach einer Bearbeitung wieder auf Film transferiert wird. Bei der digitalen Bearbeitung von Filmbildern benötigt man mindestens 2K Auflösung pro Bild (vgl. Tab. Auflösung und Speicherbedarf). Im Falle von Bildstabilisation oder Zooms ist oft eine höhere Auflösung erforderlich.

Filmscanner sind technische Präzisionsmaschinen, die aus jedem Film-Einzelbild bis zu 21 Millionen Pixel extrahieren. Im Unterschied zu Filmabtastern wird hier jedes Einzelbild während des Scannings pin-registriert, d.h. mit Hilfe von speziellen Metallstiften in den Perforationslöchern des Films fixiert, um ein bildstandgenaues Scanning zu gewährleisten.

Die Preise für Film-Scanning variieren je nach Menge und Auflösung (2K/ 4K) des zu scannenden Materials und bewegen sich zur Zeit in Deutschland zwischen € 1,30 und 3,60 pro Einzelbild zuzüglich einer Einrichtungspauschale des Filmscanners (ca. € 100,– bis 200,– je Rolle Film).

**Film-Ausbelichtung** *(auch Film-Recording):*
Digitale Bilder kann man mit speziellem Equipment (*Output Devices*), etwa einem Laser Printer, zurück auf Film transferieren.

*Abb. 38: Filmscanner IMAGER XE von IMAGICA (oben)*
*Abb. 39: Filmausbelichter ARRILASER von ARRI (unten)*

Der Preis für die Ausbelichtung eines Einzelbilds (auch hier wieder abhängig von Quantität und Auflösung) liegt zwischen € 1,80 und 4,– inkl. Negativ und Muster.

Wenn man PAL-Video (25 Bilder/ Sek.) zurück auf Film transferiert (auch FAZ oder FAZen), wird jedes Video-Einzelbild zu einem Film-Einzelbild. Bei NTSC-Video (30 Bilder/ Sek.) verhält es sich so, dass man zuerst die zusätzlichen zwölf Felder, die bei der Abtastung generiert wurden, entfernen muss. Danach kann auf Film übertragen werden.

**Pixel**
Das digitale Bild besteht aus Pixeln (Abk. für *Picture Elements*), Bildpunkten, denen jeweils vier separate Informationskanäle (*Channels*) zugeordnet sind, die alle Informationen über Farbe sowie den Grad der Transparenz (*Alpha Channel*) eines einzelnen Pixels enthalten.

**Auflösungen und Speicherbedarf**
Digitalisierte Bilder speichert man auf Festplatten, Videobändern (z.B. D1 oder Digital Betacam) oder speziellen Datenträgern (z.B. DAT, DLT, Metrum, Exabyte oder DTF), bevor man sie zur Bearbeitung in den Computer einliest.
Die in der folgenden Tabelle gemachten Angaben gehen auf Informationen der Firma Kodak zurück, da die von ihnen hergestellten Filmscanner am weitesten verbreitet sind.
Kodak-CINEON-Dateien haben immer die gleiche Größe. Der Speicherbedarf ist generell abhängig von der eigentlichen Bildinformation und vom verwendeten Dateiformat. Der Speicherbedarf pro Bild kann somit in der Realität variieren.
Bei näherer Betrachtung wird schnell klar, dass der Hauptunterschied zwischen einer digitalen Effektbearbeitung für Fernseh- und Kinoproduktionen in der zu bearbeitenden Datenmenge liegt, selbst wenn das Ausgangsmaterial in beiden Fällen 35mm-Film ist.

| Format/ Seitenverhältnis | | Auflösung | Speicherbedarf pro Bild | |
|---|---|---|---|---|
| *TV* | | | | |
| NTSC 4:3 | | 720 x 486 | 1.0 MB | |
| PAL 4:3 | | 720 x 576 | 1,2 MB | |
| PAL 16:9 | | 1024 x 576 | 1,6 MB | |
| HDTV 16:9 | | 1280 x 778 | 2,8 MB | *oder* |
| HDTV 16:9 | | 1920 x 1080 | 5,9 MB | |
| | | | | |
| *Film (10-bit Kodak CINEON Dateien)* | | | | |
| Super 35 Full | 2k: 2048 x 1556 | 4k: 4096 x 3112 | 2k: 12,2 MB | 4k: 48,8 MB |
| Academy Full | 2k: 1828 x 1332 | 4k: 3656 x 2664 | 2k: 9,3 MB | 4k: 37,2 MB |
| Academy 1:1.85 | 2k: 1828 x 988 | 4k: 3656 x 1976 | 2k: 6,9 MB | 4k: 27,6 MB |
| Academy 1:2.35 | 2k: 1828 x 778 | 4k: 3656 x 1556 | 2k: 5,5 MB | 4k: 22 MB |
| Super 35 1:1.85 | 2k: 2048 x 1107 | 4k: 4096 x 2214 | 2k: 8,7 MB | 4k: 34,8 MB |
| Super 35 1:2.35 | 2k: 2048 x 871 | 4k: 4096 x 1742 | 2k: 6,8 MB | 4k: 27,2 MB |
| CinemaScope | 2k: 1828 x 1556 | 4k: 3656 x 3112 | 2k: 10,9 MB | 4k: 43,6 MB |
| VistaVision | 2k: 3072 x 2048 | 4k: 6144 x 4096 | 2k: 24 MB | 4k: 96 MB |

## Grundlagen der digitalen Bildbearbeitung

Zur Verfügung stehen die folgenden digitalen Bildbearbeitungstechniken, die in der Praxis fließend ineinander übergehen, d.h. miteinander kombiniert und von manchen Softwarepaketen teilweise komplett abgedeckt werden:
A) *Zweidimensionale Computer Graphics:*
- Digital Painting
- Digital Image Processing
- Digital Image Compositing
B) *Dreidimensionale Computer Graphics (Computer Generated Imagery, CGI):*
- Modeling
- Texturing
- Animation
- Rendering

## Zweidimensionale Computer Graphics

*Digital Painting*
Gewöhnlich wird dafür ein Grafik-Tableau benutzt, auf dem mit einem elektronischen Stift gezeichnet wird, ähnlich wie mit Bleistift auf Papier (*Paintbox*-Systeme). Gerade im Videobereich sind diese Systeme aufgrund der wesentlich niedrigeren Bildauflösung im Vergleich zu Filmbildern und der dadurch bedingten schnelleren Bearbeitungszeit sehr beliebt. Zu den Painting-Effekten gehören die Retusche von Sicherungsseilen für Stuntleute (*engl. Rig/ Wire Removal*), die Beseitigung von störenden Kratzern resp.

Bildfusseln (engl. Image Repair), aber auch, ähnlich dem klassischen Rotoscoping, die zweidimensionale Animation von Effekten (Blitze, Licht, Schatten) sowie die Herstellung von Masken zur Abdeckung oder Kaschierung bestimmter Bildteile.

Abb. 40: Digital Painting: unbearbeitete Szene
Abb. 41: Digital »gepaintete« Blitze

Digital Image Processing
Diese Bearbeitungsmethode beinhaltet die Manipulation von Farbe, Kontrast, Sättigung und Schärfe des Bildes. Sogar die Form von Objekten im Bild kann verändert werden (das allseits bekannte Morphing, die scheinbar stufenlose Verwandlung von einem Objekt in ein anderes, zählt ebenfalls zu dieser Bearbeitungsmethode). Farben

einzelner, isolierter Bildbereiche können z.B. nur über eine bestimmte Länge der Einstellung verändert werden. Ein Filmemacher erhält so neben der fotochemischen und optischen Bildmanipulation eine weitere Möglichkeit, die Qualität seiner Aufnahmen zu beeinflussen.

Digital Image Compositing
Hierunter versteht man die Kombination von zwei oder mehreren Elementen zu einem Bild. Sowohl die Maskenherstellung als auch die Kombination der einzelnen Elemente wird heute vom Computer übernommen, der den optischen Printer abgelöst hat. Viele Probleme klassischer Blue- bzw. Greenscreen-Aufnahmen, etwa Reflexionen (Blue/ Green Spill) oder uneinheitlich ausgeleuchtete (Blue/ Green-)Screens, lassen sich im digitalen Compositing besser beheben. Die Arbeit wird dadurch vereinfacht. Da der Gesamtprozess bis auf die Dreharbeiten im Rechner abläuft, entstehen keine Probleme durch Filmschrumpfung oder mechanische Instabilität eines Printers. Alle Schritte des digitalen Compositing können auf dem Computermonitor kontrolliert werden.

Abb. 42: Digitales Morphing

*Abb. 43: Compositing-Arbeitsplatz (hier: Kodak CINEON)*

## Dreidimensionale Computer Graphics

Computergenerierte Bilder erfreuen sich bei den Filmemachern wachsender Beliebtheit. Rechnergenerierte Objekte sind Simulationen realer oder imaginärer Objekte, die als mathematische Modelle im Computer vorliegen. Je genauer solche computersimulierten Objekte oder Szenerien die Realität abbilden sollen, um so länger braucht der Computer für die Berechnung eines einzigen Bildes.

Hier stark vereinfacht der Herstellungsprozess von computergenerierten Bildern (die einzelnen Schritte überschneiden sich häufig):

*Modeling*

Die Konstruktion eines Objekts bzw. einer Figur mittels Punkten, die zu einem Drahtgitter *(engl. Wireframe)* verbunden werden. Reale plastische Objekte und Figuren lassen sich bis zu einer bestimmten Größe mit einem 3D-Scanner digitalisieren und können so als Vorlage für das Modeling dienen. Handelt es sich bei der digital modellierten Figur um einen Dinosaurier, so wird in das *Wireframe* noch ein spezielles Skelett mit vordefinierten Gelenken für die spätere Animation integriert.

*Abb. 44: Wireframe eines Dinosaurierkopfs*
*Abb. 45: Texturierter Dinosaurierkopf*

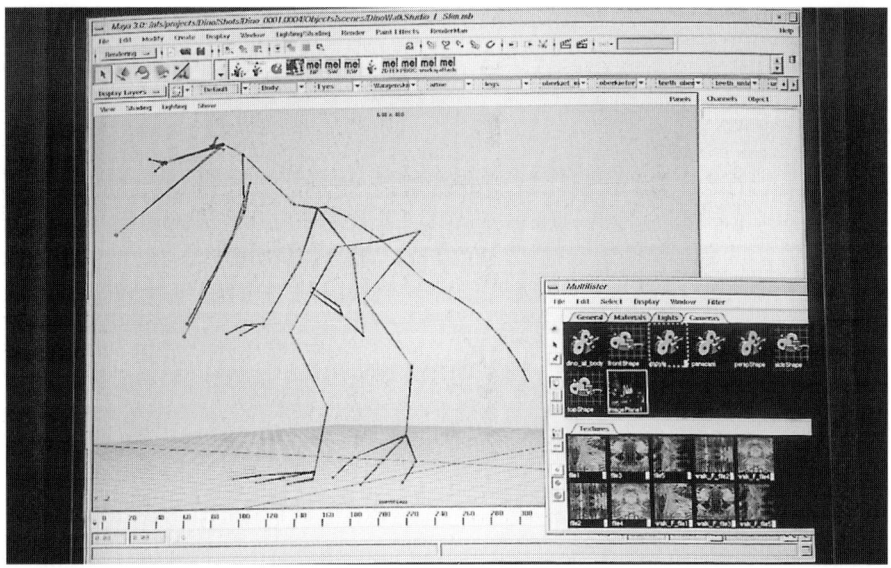

Abb. 46: *Animationsskelett eines Dinosauriers*

## Texturing

ist ein Fachausdruck für die Oberflächengestaltung eines Objekts oder einer Figur. Diese kann sich an zweidimensionalen, digitalisierten Fotovorlagen verschiedener Materialien wie Holz, Metall, Stein, Haut orientieren. Außerdem werden Parameter für Farbe, Lichtreflexion oder Lichtdurchlässigkeit der Oberfläche festgelegt. *Bump Mapping* simuliert kleine Unebenheiten der Oberfläche.

## Animation

Ein Computeranimator bewegt beispielsweise das *Wireframe* eines Sauriers über das eingebaute Animationsskelett. Ähnlich wie bei der Programmierung eines Motion-Control-Systems können mit der Maus verschiedene Fixpunkte *(engl. Keyframes)* ›abgefahren‹ werden. Der Computer errechnet automatisch die Zwischenphasen (engl. *In-Betweens*) der Bewegung und speichert sie ab. Man spricht auch von Keyframe-Animation. Eine andere Möglichkeit ist das *Motion Capturing*. Einem Schauspieler oder Tänzer wird ein besonderer Datenanzug angelegt, der mit einem Rechner verbunden ist. So kann der Computer die von einer realen Person ausgeführten Bewegungen elektronisch auf das Animationsskelett einer synthetischen Figur übertragen. Mit diesem Verfahren lassen sich besonders flüssige und realistische Bewegungen erzeugen.

In vielen Fällen müssen digital erstellte Objekte und Figuren passend zu real aufgenommenen Hintergründen oder Elementen animiert werden. Dazu lädt der Animator die betreffende Einstellung in den Rechner und richtet die Animation des digitalen Objekts an den realen Elementen aus. Kameraposition und Bewegung sind dabei vorgegeben und nicht veränderbar.

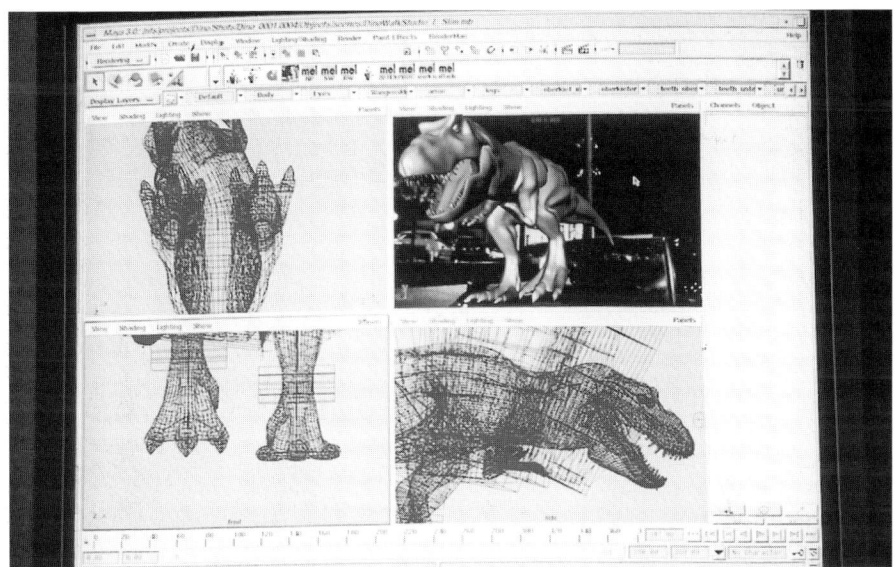

Abb. 47: Dinosaurier wird passend zur Realaufnahme animiert

Mit Real-Time-Animation können digital modellierte und texturierte Objekte sowie Figuren in Echtzeit animiert und gleichzeitig gerendert werden, um sie in einer TV-Liveproduktion mit Schauspielern agieren zu lassen. Die für einen solchen Einsatz erstellten digitalen Objekte und Figuren sind vom Design her einfach und extrem datenreduziert konstruiert. Jedoch sind für Echtzeitdarstellungen selbst einfacher digitaler Modelle kostspielige Großrechner erforderlich.

Bei komplett digital erzeugten Einstellungen muss der Animator zusätzlich zur Objektanimation, die die reine Eigenbewegung festlegt, Standpunkt, Brennweite und Bewegungen der virtuellen Kamera programmieren.

*Rendering*

Um ein digital modelliertes und texturiertes Objekt überhaupt auf dem Computermonitor sichtbar zu machen, muss man es mit in der Software vorhandenen virtuellen Lichtquellen beleuchten.

Beispiel: Der Animator hat einen Tyrannosaurus Rex modelliert und eine Bewegung (Kopf drehen, Maul aufreißen) simuliert, die insgesamt 5 Sekunden läuft = 120 Einzelbilder bei 24 Bildern/ Sekunde. Er möchte sich den T-Rex nicht als bewegtes *Wireframe* anschauen, sondern als komplett texturierte Figur, die ihren Kopf dreht und das Maul weit aufreißt. Dazu muss er eine virtuelle Lichtquelle auf das digitale Objekt richten und den Renderingprozess starten. Der Computer berechnet nun für jedes Einzelbild der 5-Sekunden-Animation Lichteinfall und Lichtreflexion auf der Oberfläche (Textur) des Dinosauriers und macht ihn somit für den Betrachter sichtbar. Bei einer Figur wie dem T-Rex aus Steven Spielbergs *Jurassic Park* war der Renderingprozess äußerst re-

 chen- und zeitintensiv (mehrere Stunden Rechenzeit pro Einzelbild), abhängig von der Komplexität des digitalen Objekts und der verwendeten Hard- und Software. Fertig gerenderte Objekte kann man dann im digitalem Compositing mit anderen Elementen kombinieren. Per Mausklick lassen sich die dafür benötigten Mattes anwählen.

*Abb. 48: Fertig gerenderter Dinosaurier, bereits mit Realaufnahme kombiniert*

Ein Operator, der den gesamten Herstellungsprozess von CGI beherrscht, ist Modellbauer, Animator, Kameramann und Beleuchter in einem.

*Entscheidend für den Zeitfaktor einer digitalen Bildbearbeitung sind:*
- Leistungsfähigkeit und Anzahl der Prozessoren (CPUs)
- Arbeitsspeicherkapazität (RAM)
- Interner und externer Speicherplatz
- Leistungsfähigkeit des Rechnernetzwerks

*Entscheidend für den Faktor Qualität sind:*
- Talent und Erfahrung des Operators
- eingesetzte Hard- und Software

What's next? Der Computer als Werkzeug für Bildbearbeitung ist noch relativ neu. Die Fortschritte, die diese Technologie allerdings in den letzten Jahren gemacht hat, sind ungeheuer. Vorurteile, die in der Vergangenheit immer wieder zu hören waren, computergenerierte Bilder seien kalt und steril und kaum bezahlbar, sind durch die Wirklichkeit längst überholt. In Zukunft werden digitales Kino und Konvergenz der Laufbildmedien den Einsatz weiter beschleunigen. Selbst der konservativste Filmhersteller bemerkt, dass er sich den neuen Realitäten nicht mehr verschließen kann.

# Planung und Kalkulation von visuellen Spezialeffekten

*»Das drehen wir in der Bluebox. Der Rest wird mit dem Computer dazugemacht.«*
*»Können Sie uns mal schnell einen digitalen Dinosaurier zeigen?«*
*»Für den Dreh im Stadion brauchen wir nur zehn Komparsen. Die restlichen zehntausend werden im Rechner geklont.«*
*»Sie müssen das Gebäude dort aus dem Bild retuschieren. Dann sieht man viel mehr von der schönen Landschaft.«*

Das ist nur eine kleine Auswahl unbedarfter Meinungen und hoffnungsvoller Fragen, die Produzenten, Regisseure, Autoren, Produktionsleiter und Ausstatter an die Verantwortlichen der Effektfirmen richten. Das Interesse an visuellen Spezialeffekten ist inzwischen sehr groß; das Wissen um das, was wirklich machbar und gerade im Hinblick auf deutsche Film- und TV-Produktionsbudgets auch bezahlbar ist, hält sich dagegen in Grenzen.

Mit dem Beginn der digitalen Postproduktion erschienen auch in Deutschland – neben den bereits etablierten Filmzeitschriften – Fachmagazine, die sich mit digitaler Bildbearbeitung beschäftigten. Was dem Leser hier abgesehen von ausführlichen Tests neuer Hard- und Software geboten wird, reicht von beschönigenden und vollmundig die technische Werbetrommel rührenden Produktionsberichten über die Effekte amerikanischer Blockbuster bis hin zu Artikeln über die meist bescheideneren Arbeiten deutscher Effektanbieter. Da wird groß auf die Pauke der Effekte gehauen. Dem Markt fehlt es an Sachlichkeit. Wer sich ausschließlich hier informiert, der ist zwar begeistert, aber kann sich nicht *zurechtfinden*.

Jahrzehntelang war die Arbeit der Experten den neugierigen Blicken des Publikums entzogen. Die Produzenten fürchteten, die Enthüllung gewisser Geheimnisse würde den Reiz einer Illusion zerstören. Jetzt ist man dabei, die Effekte für ein breites Publikum zu entschlüsseln und zu entmystifizieren, jedes noch so kleine technische Detail akribisch zu erklären. Dabei wird aber außer Acht gelassen, dass technische Anwendungen immer auch menschliche Kreativität und Talent voraussetzen. Daran wird sich in Zukunft nichts ändern.

Die massenhafte Verbreitung computerisierter Schreibhilfen hat in der Literatur nicht unbedingt zu Höhenflügen beigetragen. Es ist immer noch der Autor, der sich des Werkzeugs bedient, sei es Feder, Schreibmaschine oder *Word Processor*. Es ist immer noch der technische Spezialist, der Motion Control, Bluescreen oder Matte Paintings einrichtet und den Rechner programmiert, und nicht der Laie, der meint, es verstanden zu haben. Und das wichtigste Requisit eines Spezialisten ist immer noch die Erfahrung.

Effekte gibt es nicht von der Stange zu kaufen. Jeder Special Effect ist, wie der Name schon sagt, *speziell* und nur für die jeweilige Einstellung geplant, kalkuliert und realisiert. Nichts ist schlimmer als ein – aufgrund einschlägiger Literatur – mehr oder minder angeeignetes Halbwissen eines Pseudo-Spezialisten, der dann noch kluge Ratschläge erteilt.

Umgekehrt ist auch das Gebiet der Filmeffekte nicht autonom und allein selig machend. Vielmehr muss es im Kontext einer Gesamtproduktion gesehen werden: ästhetisch, dramaturgisch und arbeitstechnisch. Die engsten Partner während der Produktion sind neben Herstellungs-/ Produktionsleitung, Regie, Produktionsdesign, Ausstattung und Schnitt die Kameraleute. Leider sind heutzutage immer weniger Vertreter dieser Berufsgruppe in die Postproduktion eingebunden, obwohl doch gerade sie zu den Pionieren des visuellen Effekts im Kino gehörten: John Fulton, Stan Horsley, Gordon Jennings, Hans Koenekamp in Amerika, Eiji Tsuburaya in Japan, Guido Seeber und Gerhard Huttula in Deutschland.

Am Anfang stehen Exposé, Treatment und Drehbuch. Sie fixieren das Genre, Umfang und Art der Effekte. Ein Effekt-Experte wird keine Aussage über Kosten machen, bevor er sich nicht eine Reihe wichtiger Informationen über eine geplante Effekteinstellung oder -produktion verschafft hat:

1. Welches Format hat die geplante Produktion (TV-Movie, TV-Pilotfilm, Serienepisode, Kinofilm)?
2. Auf welchem Material wird gedreht (16mm/ 35mm, Digital Betacam, Betacam SP, HD etc.)?
3. Wann beginnen die Dreharbeiten, wann sollen sie beendet sein?
4. Wann ist der geplante Sende- bzw. Premierentermin?
5. Wo soll gedreht werden?
6. Wo soll der Schnitt stattfinden?
7. Wie hoch ist das Gesamtbudget der Produktion?
8. Sind bereits die Keyfunktionen im Team verteilt?
9. Gibt es schon Entwürfe der Effekte?

*Warum sind diese Vorinformationen so wichtig?*

Sie tragen dazu bei, sich ein erstes Bild von Art und Umfang der zu erwartenden Arbeiten zu machen. Für einen Effekt-Experten sind diese Angaben Planungsgrundlage zur Erarbeitung einer entsprechenden Kalkulation.

Ein fantastischer Stoff, märchenhaft oder utopisch, ist grundsätzlich effektreicher als beispielsweise ein Beziehungsdrama. Historische Filme unterscheiden sich von Science-Fiction-Stoffen dadurch, dass sie einen erheblich höheren Anteil an so genannten *unsichtbaren* Effekten (z.B. Retuschen) haben. Eine Großproduktion wie *Gone With the Wind (Vom Winde verweht)* hatte weit über hundert Matte Paintings, allein um den Nachbau historischer Stätten zu reduzieren. Die unsichtbaren Effekte sind beim Exzerpieren eines Drehbuchs natürlich viel schwerer zu lokalisieren als die offensichtlichen eines Fantasyfilms. Doch geht es um die mittelalterliche Kathedrale, in deren Türmen ein buckliger Glöckner haust, wird auch ein Laie schnell einsehen, dass der Filmbau selbst das Budget einer Hollywoodproduktion sehr strapazieren würde. Liegt ein Stoff nur als Exposé oder Treatment vor, geht es in den meisten Fällen darum, der Produktion Anhaltspunkte im Hinblick auf die Realisierbarkeit der beschriebenen Effekte und bezüglich Aufwand und Kosten zu geben, die dann in die weitere Stoffentwicklung mit einfließen. Hier ist es ratsam, dass der Autor Kontakt zu den Effektexperten aufnimmt.

Das Format einer Produktion ist eine weitere wichtige Planungsgrundlage für die Kalkulation. Bei einem auf 35mm gedrehten Film für eine Kinoauswertung ist z.b. beim Einsatz digitaler Bildbearbeitung hochauflösendes Filmscanning der einzelnen Plates bzw. Elemente für Effekte und Ausbelichtung der fertigen Einstellungen auf 35mm einzuplanen: ein nicht unerheblicher Kostenfaktor im Vergleich zur reinen TV-Effektbearbeitung. Die digitale Bildbearbeitung für einen Kinofilm, einschließlich Filmscanning und Ausbelichtung, ist im Vergleich zur digitalen Bildbearbeitung für das gleiche Projekt in TV-Auflösung erfahrungsgemäß zwischen 40 und 50 Prozent teurer.

Handelt es sich bei der geplanten Produktion um einen Pilotfilm für eine Science Fiction-Serie, muss ein Teil des Effektbudgets für Raumschiffmodelle, Creatures o.Ä. aufgewendet werden. Miniaturen und Kreaturen werden aber vermutlich in den einzelnen Serienepisoden wiederholt zum Einsatz kommen, sodass sich die Kosten verringern. Nicht selten werden komplette Effekteinstellungen aus dem Pilotfilm für einzelne Serienepisoden wieder verwendet (Re-use) – wie in der Serie *Battlestar Galactica* (*Kampfstern Galactica*).

Der geplante Termin für den Beginn der Dreharbeiten gibt Aufschluss darüber, wie viel Zeit für die Vorbereitung bleibt. Zwischen dem Ende der Dreharbeiten und dem geplanten Sende- oder Premierentermin spielt sich der Hauptteil der Effektbearbeitung ab. Deshalb sind diese Daten für die Kalkulation und Planung entscheidend. Oft können die Termine in der Planungsphase der gesamten Produktion noch nicht verbindlich genannt werden. In solchen Fällen muss der Effekt-Producer mit einer weiteren Unbekannten rechnen.

Um Dreharbeiten und Postproduktion möglichst präzise planen und koordinieren zu können, sind Informationen, wo gedreht und geschnitten wird, elementar. Normalerweise spart man viel Zeit, wenn Schnitt und digitale Bildbearbeitung räumlich nah beisammen sind. Nur bei einer vorausschauend geplanten Postproduktion unter der Leitung eines erfahrenen Supervisors ist es weniger problemlos, wenn zwischen Schnitt und digitaler Bildbearbeitung Tausende von Kilometern liegen. Sonst aber entstehen leicht Kommunikationsprobleme, besonders dann, wenn die Zeit knapp ist und die Produktion mehrsprachig erfolgt.

Die Frage nach dem Gesamtbudget einer Produktion gibt dem Experten die Möglichkeit, nach dem ersten Lesen des Drehbuchs die zu erwartenden Kosten für die Effektbearbeitung im Verhältnis grob zu überschlagen. Sollte er hierbei schon feststellen, dass das vorgesehene Budget im Hinblick auf Quantität und Komplexität der im Buch beschriebenen Einstellungen zu knapp gefasst ist, wird er den Auftraggeber darüber in

Kenntnis setzen. Leider kam es in der Vergangenheit immer wieder zu Fällen, die eher lässig gehandhabt wurden und in der Herstellungsphase »nachgebessert« werden musste. Dieser Versuch kann aber auch umgekehrt vonseiten der Produktion oder Regie ausgehen. Es werden dann mehr Leistungen für das gleiche Geld verlangt. Problematisch ist dies, wenn die Verträge ungenau formuliert wurden und Raum für Interpretation und Spekulation lassen.

Die Erwartungshaltung an die Technik ist groß. Den Effektschmieden sollte nichts unmöglich sein. Vergleicht man allerdings deutsche Budgets mit US-amerikanischen Produktionsetats, kann man sich schnell ausrechnen, dass unter den gegebenen Umständen unmöglich alles erreicht werden kann. Die Vorstellung mancher Produzenten, in Deutschland qualitativ gleichwertige Effekte für einen Bruchteil der amerikanischen Budgets herstellen zu können, ist schlichtweg naiv. Die kreativen und technischen Möglichkeiten, Hollywoodeffekte hierzulande herzustellen, sind gleichwohl vorhanden und können sehr wohl im europäischen Rahmen umgesetzt werden.

Für eine präzise Kalkulation ist das Drehbuch nur die erste Informationsquelle. Gerade bei komplexen Effekteinstellungen sollte unbedingt eine Vorvisualisierung (*Pre-Visualisation*) von Objekten, Props, Dekorationen, Creatures usw. in Form von einfachen Skizzen (*Conceptual Design*) stattfinden.

Hilfreich sind außerdem Angaben zum geplanten »Look« der Einstellungen. Dazu ein Beispiel: als George Lucas den Endkampf um den Todesstern für seine erste *Star-Wars*-Produktion plante, hat er aus Filmmaterial von Luftschlachten verschiedener Kriegsfilme und Dokumentarmaterial aus dem Zweiten Weltkrieg ein so genanntes *Moodboard* zusammengeschnitten, um den Künstlern und Technikern bei Industrial Light & Magic einen Eindruck davon zu vermitteln, wie er sich die Effekte vorstellt. Häufig reicht es aber auch schon, wenn seitens der Produktion Beispiele aus bestimmten Filmen als Anregung für die Gestaltung genannt werden. Leider scheuen alle deutschen Produktionsfirmen den verhältnismäßig geringen Aufwand, der für eine Vorvisualisierung nötig wäre. Wie so oft wird am falschen Ende gespart.

## Das Supervisor-Prinzip

Grundsätzlich ist hierzulande – im Gegensatz zur Praxis in den USA und Großbritannien – nur eine Methode der Kalkulation geläufig. Die Produzenten verschicken ihre Drehbücher an eine oder mehrere Effektfirmen, die auf dieser Grundlage kalkulieren sollen. Nun bietet allerdings kaum eine Firma Full-Service-Pakete an, die aus klassischen und digitalen Effekten, Atelierservice, Kamera- und Lichtequipment, Effekt-Supervision, Schnitt etc. bestehen. Dennoch ist jedes Unternehmen zunächst daran interessiert, möglichst viele eigene Leistungen zu verkaufen. Das kann dazu führen, dass bei der Planung und Kalkulation bestimmter Einstellungen traditionelle Effekttechniken zugunsten digitaler Bildbearbeitung ignoriert werden, obwohl die klassische Alternative vielleicht die bessere und kostengünstigere Lösung gewesen wäre.

Diesem marktwirtschaftlich verständlichen Prozedere kann nur dadurch entgegenge-

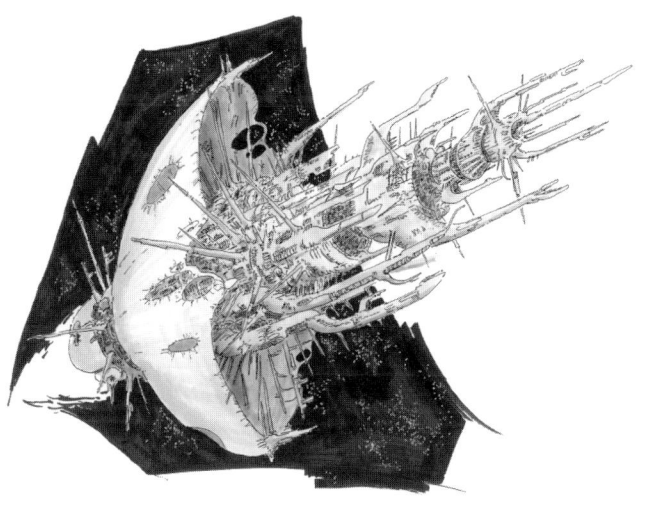

*Abb. 49: Conceptual Design:
zwei Raumschiffentwürfe für eine Science
Fiction Produktion*

wirkt werden, dass die Produktionsgesellschaft, wie in den USA oder Großbritannien, einen firmenunabhängigen Effekt-Supervisor oder -Producer engagiert. Dieser fungiert als Mittelsmann, erarbeitet auf Grundlage des Drehbuchs einen Effekt-Breakdown inklusive Design und schafft somit die Grundlage für einen vernünftigen Vergleich der Angebote.

Nicht nur bei der Planung und Kalkulation spielt der Supervisor eine wichtige Rolle, vielmehr auch bei der Realisierung. Denn wenn die für die Effekte benötigten Elemente, gleich ob Real-, Miniaturaufnahmen oder Animationen, nicht fachgerecht in Szene gesetzt wurden, ist selbst die erfahrenste Effektfirma nicht in der Lage, das angelieferte Ausgangsmaterial zu retten.

## Der Visual Effects Supervisor

Insgesamt gibt es zurzeit in Deutschland rund ein Dutzend qualifizierter Fachleute, die diesen vergleichsweise exotischen Beruf ausüben. Mehr als die Hälfte von ihnen befindet sich allerdings in Festanstellung bei verschiedenen Firmen. Die meisten sind effektbegeisterte Autodidakten, die über unterschiedliche Zweige (Kamera, Modellbau, Stop-Motion, digitale Bildbearbeitung) zum Visual Effects Supervisor wurden. Es gibt keine Möglichkeit, diesen Beruf direkt als Hochschulabgänger auszuüben. Mindestens drei Jahre Praxiserfahrung in verschiedenen Bereichen der Film- und Fernsehproduktion sind Grundvoraussetzung, um qualifizierte Arbeit leisten zu können.

Ein Visual Effects Supervisor muss über den gesamten Herstellungsprozess einer Film- und Fernsehproduktion Bescheid wissen. Darüber hinaus benötigt er ausreichende Kenntnisse und Erfahrungen in den einzelnen Effektdisziplinen, besonders im Bereich der digitalen Bildbearbeitung. Er muss in der Lage sein, Effekte in einem Drehbuch zu definieren, zu planen, zu kalkulieren und mit Unterstützung des zur Verfügung stehenden Fachpersonals sowie einer adäquaten Technik zu realisieren. Ferner muss er Fertigungszeitpläne aufstellen und den gesamten Ablauf der Effektproduktion überwachen. Auch am Set ist er der Mittelsmann. Hier sollte er ruhig und überlegt auftreten und sich von der allgemeinen Hektik nicht anstecken lassen. Während der Dreharbeiten klappt selten alles so, wie man es in der Vorbereitungsphase geplant hat. Überzeugungskraft ebenso wie Kompromissbereitschaft, so weit möglich und nötig, Einfallsreichtum und die Gabe, rasch Alternativen parat zu haben, zeichnen einen guten Visual Effects Supervisor aus. Besonders beim Improvisieren hilft ihm das Wissen, wie ein Effekt auf der Leinwand aussieht, wie lange er steht und wie er geschnitten wird.

Eine der wichtigsten Eigenschaften eines Visual Effects Supervisors ist das Gefühl für Bildkompositionen in Verbindung mit einem Instinkt für szenische Kontinuität, also für die (foto)grafische Umsetzung der Effekteinstellung in Beziehung zu den Einstellungen ohne Effektanteil.

Die Produktion sollte den Supervisor für die ganze Produktionszeit engagieren, um die Planung und Überwachung der Effektbearbeitung sowie kontinuierliche Qualität zu gewährleisten. Regisseur, Kameramann und Supervisor müssen ein gutes Team bilden. Der Supervisor weiß bei der Zusammenstellung seines Teams, wer als Spezialist in Teilbereichen (z.B. Pyrotechnik oder Modellfotografie) in Frage kommt.

Ein deutscher Visual Effects Supervisor ist pro Woche (5 Tage à 10h) mit einer Gage von rund € 2.000.– bis € 2.600.– einzuplanen. In den USA rechnet man für einen Supervisor $ 4.000,– bis $ 5.000,–.

Je nach Höhe des Effektanteils werden auch Supervisoren für Teilbereiche der Effektproduktion (Digital Effects Supervisor, Animation Supervisor) eingesetzt, allerdings ist dies bei deutschen Produktionen eher die Ausnahme.

## Der Visual Effects Producer

Visual Effects Producer sind fast ausschließlich in Festanstellung tätig. Die Grundvoraussetzungen für diesen Beruf sind denen des Visual Effects Supervisors ähnlich. Der Schwerpunkt des Producers liegt allerdings mehr im Bereich der Kundenbetreuung und der Kalkulation als in der aktiven Produktionsbeteiligung.

Bei effektreichen Projekten bilden Supervisor und Producer ein Team. Während der Supervisor in das Design und die Überwachung der Dreharbeiten (Plate und Model Shooting, Digital Compositing etc.) involviert ist, erstellt der Producer die Zeitpläne (Scheduling), kalkuliert und koordiniert den Gesamtablauf. Bei großen amerikanischen Produktionen mit hohem Effektanteil kommt der Visual Effects Coordinator noch mit ins Spiel, der überwiegend mit der Abstimmung von verschiedenen Trickabteilungen (Model Department, Digital Department) beschäftigt ist. Er ist normalerweise direkt dem Visual Effects Producer unterstellt. Für die meisten deutschen Produktionen reicht ein Visual Effects Supervisor völlig aus.

Eine Produktionsfirma benötigt zuerst eine Größenordnung, wie hoch in etwa der Effektetat sein sollte, damit diese Summe in die Gesamtkalkulation übertragen werden kann. Ein guter Visual Effects Supervisor bzw. Producer, der mit Kinofilmen, TV-Produktionen und Serien vertraut ist, kann einen solchen groben Kostenvoranschlag recht schnell nach erster Drehbuchlektüre abgeben.

Wendet sich eine Produktionsgesellschaft an einen freiberuflichen Visual Effects Supervisor, ist es sinnvoll, zunächst einen Vertrag über die Erarbeitung des *Visual Effects Breakdown* incl. *Shot-by-Shot*-Kalkulation, Storyboards und Effektdesign abzuschließen. Danach sollte relativ klar abzusehen sein, wie viel Zeit die *On Set Supervision* und die Betreuung der Postproduktion in Anspruch nehmen wird. Auf dieser Grundlage kann ein entsprechender Zusatzvertrag formuliert werden. In den USA und Großbritannien ist diese Vorgehensweise völlig normal; sie gibt sowohl dem Produktionsteam als auch dem Supervisor die Möglichkeit, sich gegenseitig kennen zu lernen. In seltenen Fällen können Terminschwierigkeiten entstehen (wenn sich z.B. der Drehbeginn einer Produktion aus bestimmten Gründen verschiebt oder die Dreharbeiten länger als geplant dauern), die es dem Supervisor unmöglich machen, die On Set Supervision durchzuführen. Doch dann liegen wenigstens die Planungsdaten vor, auf deren Basis andere die Arbeit fortführen können.

Die erste »Amtshandlung« des Visual Effects Supervisors bei Projekten mit hohem Effektanteil besteht meist darin, die Produktion darauf hinzuweisen, dass bei der Auswahl von Regisseur, Regieassistenten und Aufnahmeleitern darauf geachtet werden muss, dass diese bereits mit Spezialeffekten gearbeitet haben oder wenigstens über Grundkenntnisse in diesen Techniken verfügen sollten. Den Betreffenden muss klar sein, dass der Dreh am Set sehr zeitintensiv sein kann und sie dafür die nötige Ruhe und vor allem Verständnis für die Arbeit des Effektteams mitbringen müssen. Der Visual Effects Supervisor soll Partner des Regisseurs sein und nicht sein Gegner.

Nützlich ist eine zu Beginn speziell für diese Produktion zusammengestellte *Effekt-Produktions-*»*Bibel*«, die grundsätzliche Anmerkungen zu technischen Abläufen sowie

Hinweise für die Realisation der Effekte enthält. Dieses meist mehrseitige Merkblatt mit der Effektkalkulation wird im Vorfeld der Produktion übergeben. In der Effekt-Produktions-»Bibel« werden Punkte behandelt wie:

- bevorzugte Kameratypen für Effektdreharbeiten (*Plate* oder *Element Shooting*), z.B. ARRI 535, 435, BL, Panavision, Moviecam oder Mitchell
- bevorzugtes Filmmaterial (abhängig von den jeweiligen Effektanforderungen)
- Hinweise zur Verwendung von Kamerafiltern (Farbkorrekturfilter, Weichzeichnerfilter, Effektfilter etc.), besonders im Hinblick auf digitale Bildbearbeitung
- Verwendung von stabilen Kamerastativen für statische Einstellungen (*locked-off shots*)
- Beschriftung der Klappe – neben der Szene/ Take-Nr. ist oft eine spezielle Beschriftung in Form von Buchstaben- oder Zahlenkombinationen nötig für die Identifizierung bestimmter Effektelemente/ Plates, also Greenscreen-Einstellungen, Miniaturelemente, Hintergründe oder Spezialeffekt-Elemente wie Rauch, Nebel usf. Die Klappe muss immer gut lesbar sein.
- Verwendung von Lichtreferenzobjekten sowie einer Farb- und Grautafel für jedes Effektelement
- Dreharbeiten von Green- bzw. Bluescreen-Elementen (Farbe, Anzahl und Größe der benötigten Screens, korrekte Ausleuchtung der Screens und der Objekte bzw. Personen davor, Verhinderung von blauen oder grünem Streulicht auf den zu separierenden Objekten oder Personen, bevorzugtes Filmmaterial für Blue- oder Greenscreen-Dreharbeiten, richtige Belichtung der Screens und der Objekte bzw. Personen davor)
- Anfertigung der VFX-Notes durch den Visual Effects Supervisor. Diese enthalten Angaben über Drehort, Kameratyp, verwendete Optiken, Schärfebereich, Blende, Neigungs- und/ oder Schwenkwinkel der Kamera, Position von Objekten oder Personen im Bildausschnitt, Lichtplan etc.
- Ablauf der Effekt-Postproduktion (z.B. Filmabtastung, Filmscanning, Rohschnitt für die Integration von Effektlayouts, Zwischenschritte für Effektabnahmen sowie Endabnahme der fertigen Effekteinstellungen, Ausbelichtung).

Oft werden in der Effekt-Produktions-»Bibel« auch schon konkrete Realisationsvorschläge für Effekteinstellungen angesprochen. Bei historischen Stoffen kommt es allerdings häufig vor, dass für die Erarbeitung einstellungsspezifischer Effektdesigns Vorinformationen vom Produktionsdesigner nötig sind (also, was wird real gebaut bzw. ist real vorhanden, was soll im Trick umgesetzt werden).

Art und Umfang der Informationen in der Effekt-Produktions-»Bibel« sind meistens von der Erfahrung einer Produktion im Umgang mit Effekten abhängig.

Der nächste Schritt ist die Selektion und Auflistung der im Drehbuch beschriebenen Effekteinstellungen: der *Visual Effects Breakdown* (auch *Shot-by-Shot Breakdown*) bildet das Fundament der Kalkulation.

# Der Visual Effects Breakdown

Es ist schwer zu sagen, wann Trickfachleute damit begonnen haben, die Effekte, die in einem Drehbuch beschrieben werden, zu sammeln und wichtige Informationen in Form einer Tabelle aufzulisten. Schon aus Stummfilmzeiten sind Drehbücher voller Notizen und Scribbles aus der Hand des Regisseurs bekannt. Seit der amerikanische Stop-Motion-Spezialist Willis H. O'Brien in *King Kong*, der deutsche Regisseur Karl Ritter für seine *Stuka*-Propagandafilme und Alfred Hitchcock in Projekten wie *The Birds* (*Die Vögel*) die im Zeichenfilmbereich schon lange etablierten *Storyboards* auf das Gebiet des Spielfilms übertrugen, werden Effekteinstellungen in Form spezieller Skizzen aufgezeichnet und katalogisiert. Mit der Einführung komplexer Effekttechnologien (Travelling Matte Composite Photography, Motion Control und später digitaler Bildbearbeitung) kam zu jeder einzelnen Skizze eine große Anzahl von Informationen dazu. Für *Star Wars* (*Krieg der Sterne*) fertigte Effects Production Supervisor George E. Mather eine Storyboard-Bibel mit umfangreichen Zusatzinformationen zu jeder einzelnen Einstellung an, die als Leitfaden für die Realisierung der komplizierten Effekte diente. Auf solchen Storyboard-Bibeln basieren die heutigen Visual Effects Breakdowns. Mit Hilfe eines Computers lässt sich eine komplette Datenbank für Kalkulation und Verwaltung der geplanten Effekteinstellungen einer Produktion vorbereiten. Ein oder mehrere Storyboards zu jedem Shot können selbstverständlich auch eingefügt werden.

Vom Visual Effects Producer präparierte Datenbanken (in FileMaker oder Microsoft Excel) beinhalten sowohl die ersten Schritte zur Erstellung eines Visual Effects Breakdowns als auch zahlreiche, miteinander verknüpfte Layouts für Storyboard-Blätter, Informationen des Supervisors von den Dreharbeiten (*VFX On Set Notes*), Arbeitsprotokolle über die Fortschritte der Effektbearbeitung, Zeitplanung und Abnahmeprotokolle. Zum besseren Verständnis ist der Visual Effects Breakdown in mehrere Abschnitte gegliedert, und zwar von Anfang an möglichst im Querformat. Im Kopfteil sollten folgende Informationen stehen:

- Produktionstitel
- Produktionsfirma
- Drehbuchfassung
- Format (35mm, 16mm, Digital Betacam usw.)
- Seitenverhältnis (1:1,66/ 1:1,85/ 1:2,35 usf.)
- Auflösung (wichtig für digitale Bildbearbeitung – z.B. 2K, 1828x1100)
- Name des Visual Effects Supervisors
- Name des Visual Effects Producers (falls diese Position besetzt ist)
- Name des Visual Effects Coordinators (falls besetzt)

*Für jede Effekteinstellung wird nun eine eigene Zeile angelegt:*
- VFX# = Visual-Effect-Nummer. Jeder aufgelistete Effekt erhält eine eigene Nummer, z.B. 001.01 (Szene 1, Effekt 1). Sollte ein Effekt im Verlauf der Produktion gestrichen werden, so wird diese Nummer nicht neu vergeben. Dieses System zieht sich bis zur Ablieferung der fertig bearbeiteten Einstellungen durch.

- Seite im Drehbuch
- Szenennummer
- Sekunden/ Länge der Effekteinstellung: zunächst ein Schätzwert, bis die genaue Länge der Einstellung nach dem Rohschnitt feststeht.
- Ort/ Einstellungsbeschreibung,
  *z.B. Berlin – Potsdamer Platz – außen/ Tag: dichte Wolkendecke.*

Diese Informationen sind die Grundlage des Breakdown und dienen primär der Erfassung bereits vorhandener Informationen aus dem Drehbuch bzw. aus der Produktion. Der zweite Teil des Breakdown beinhaltet umfangreichere Informationen der nächsten Planungsphase (Effektdesign). Dazu später mehr.

Der Drehbuchautor, so der Praktiker und Theoretiker Syd Field, ist nicht gehalten, in Form von Kameraanweisungen und detaillierter Fachterminologie zu schreiben. Es sei nicht sein Job, dem Regisseur Vorgaben zu liefern, was er wie ins Bild zu setzen habe. Das heißt, der Autor ist primär zuständig für die Entwicklung der Geschichte und sollte die Kunst des Dialogschreibens beherrschen. Damit ist er schon voll ausgelastet. Bei effektreichen Produktionen ist es sinnvoll, schon während der Drehbuch-Phase Fachleute zu konsultieren, da der Autor im Regelfall eben kein Technik- und Regie-Experte ist. Sind die vom Autor erdachten und beschriebenen (Effekt-)Einstellungen technisch und finanziell überhaupt machbar? Sind die geplanten Gesamtherstellungskosten realistisch? Leider ist dies bei deutschen Produktionen die Ausnahme. Die Folge ist, dass vor Drehbeginn oft ganze Sequenzen umgeschrieben werden müssen, weil zu viele und zu teure Effekte das Budget gesprengt hätten. Schlimmstenfalls werden Ratschläge und Warnungen von Experten ignoriert. Dann wird die Postproduktion zu einem Himmelfahrtskommando, die Kosten für die Herstellung explodieren, und der Fertigstellungstermin kann nicht mehr gehalten werden.

Drehbuchseiten (in diesem Fall fiktiver Projekte), in denen Effekte beschrieben werden, kommen etwa in folgender Form auf den Tisch:

*A) Science-Fiction-TV-Movie: »Galaxxion«*
Dreharbeiten auf Super 16
Ablieferung der fertigen Effekteinstellungen auf Digital Betacam

1   WELTALL – RAUMFRACHTER/ KAMPFSCHIFF        AUSSEN/ NACHT        1
Aus dem Sternenfeld der endlosen Galaxie nähern sich zwei Objekte mit hoher Geschwindigkeit: ein Raumfrachter versucht vergeblich, den gleißenden Plasmatorpedos seines Verfolgers durch Ausweichmanöver zu entgehen. Die in rascher Folge abgefeuerten Geschosse stammen von einem gewaltigen Kampfschiff, das entfernt an ein riesiges Insekt erinnert. Klaffende Löcher sind bereits auf der verwitterten Metallhaut des Frachters auszumachen, weitere Treffer lassen das kleine Raumschiff taumeln. Der bedrohliche Schatten des gnadenlosen Angreifers schiebt sich über das unterlegene Raumschiff.

*B) Historischer (Kino-)Stoff: »Unter den Linden«*
Dreharbeiten auf Super 35
Ablieferung der fertigen Effekteinstellungen auf 35mm-Negativ

5     BERLIN – UNTER DEN LINDEN          AUSSEN/ TAG          5
Sichtlich benommen klettert Paul aus einem fast verschütteten Kellerfenster. Wie durch ein
Wunder hat er den fatalen Bombenangriff auf sein Haus überlebt. Auf der Straße herrscht
das Chaos. Überall liegen tote Menschen. Brennende Häuserruinen heben sich drohend vom
rauchgeschwärzten Himmel ab. In der Ferne, inmitten dieser Zerstörung, ragt majestätisch
das kaum beschädigte Brandenburger Tor auf. Als der verstörte Paul an dem zerbombten
Gebäude hochblickt, das einmal sein Zuhause war, donnern plötzlich drei Jagdmaschinen in
enger Formation über ihn hinweg.

*C) Actionfilm für Kino oder Fernsehen: »Hetzjagd«*
Dreharbeiten auf 35mm
Ablieferung der fertigen Effekteinstellungen entweder auf Digital-Betacam oder auf
35mm-Negativ

9     HOTELKÜCHE                         INNEN/ TAG          9
Die Wucht der Explosion schleudert einen der Terroristen quer durch den Raum. Mit voller
Wucht prallt er gegen die Wand und fällt leblos zu Boden. Eine riesige Flammensäule schießt
aus der geborstenen Gasleitung. Im letzten Moment kann sich Lena hinter eine schützende
Kühltruhe werfen – dann fegt das Feuer über sie hinweg. Der zweite Terrorist hat nicht so
viel Glück wie sie. Bevor er ausweichen kann, wird er von der Stichflamme erfasst und
verwandelt sich blitzschnell in eine lebende Fackel. Im Todeskampf umklammert er seine
Maschinenpistole und schießt wild um sich. Einige Kugeln schlagen nur Zentimeter neben
Lenas Kopf in die Kühltruhe ein. Erschrocken duckt sie sich.

Bei der Isolierung von Effekteinstellungen aus Drehbüchern muss man generell zwei
Gruppen unterscheiden: die *sichtbaren* und die *unsichtbaren* Effekte. Zu den sichtbaren
Effekten zählen im Fall von GALAXXION Raumschiffe und Plasmatorpedos. Die un-
sichtbaren Effekte sind schwieriger zu lokalisieren, ihr Einsatzgebiet liegt weniger im
Bereich vordergründiger Science Fiction oder Fantasy. Darunter versteht man:
- *Bildretuschen*, etwa digitales Entfernen moderner Leuchtreklamen, Dachantennen
  oder sogar kompletter Gebäude bei historischen Projekten wie UNTER DEN LIN-
  DEN, die zum Teil an Originalschauplätzen gefilmt werden.
- *Wire- oder Rig-removals*, d.h. digitale Retusche von Aufhänge- oder Haltevor-
  richtungen für Stuntleute bei gefährlichen Einstellungen wie in HETZJAGD
- *Bildergänzungen*, z.B. so genannte *Set Extensions*: Ergänzung oder kompletter Ersatz
  realer Gebäude oder Dekorationen (durch Matte Paintings, traditionelle Miniatu-
  ren oder digitale Modelle), die aus finanziellen oder anderen Gründen nicht in
  Originalgröße gebaut werden können.
- *Crowd replications*: digitale Multiplikation von wenigen hundert Komparsen zur Er-
  zeugung von Massenszenen (tausende Zuschauer im Kolosseum in Ridley Scotts
  Film *Gladiator*)
- *Bildkombinationen* aus einzelnen Realaufnahmen = Zusammenfügen mehrerer se-
  parat aufgenommener Bildelemente zu einer homogenen Bildkomposition
Die Aufgabe des Visual Effects Supervisors ist es, solche Effekte im Drehbuch zu loka-

lisieren und in den Breakdown einzutragen, bevor zusammen mit dem Regisseur die *genaue* Auflösung der Einstellungen mit Hilfe von *Storyboards* festgelegt wird. Und so sieht der jeweils erste Teil der Breakdowns für unsere Fallbeispiele aus:

PRODUKTIONSTITEL: *GALAXXION*
PRODUKTIONSFIRMA: ABC-FILM
DREHBUCHFASSUNG: MAI 2001
FORMAT: SUPER 16
SEITENVERHÄLTNIS: TV 4:3
AUFLÖSUNG: TV-PAL 720x576
VFX SUPERVISOR: N.N.

| VFX# | SEITE | SZENE | SEK. | ORT/ EINSTELLUNGSBESCHREIBUNG |
|---|---|---|---|---|
| 01.01 | 1 | 1 | 10 | **Weltall – Raumfrachter/ Kampfschiff – Außen/ Nacht:** Aus dem Sternenfeld der endlosen Galaxie nähern sich zwei Objekte mit hoher Geschwindigkeit: ein Raumfrachter versucht vergeblich, den gleißenden Plasma torpedos seines Verfolgers durch Ausweichmanöver zu entgehen. |
| 01.02 | 1 | 1 | 5 | **Weltall – Raumfrachter/ Kampfschiff – Außen/ Nacht:** Die in rascher Folge abgefeuerten Geschosse stammen von einem gewaltigen Kampfschiff, das entfernt an ein riesiges Insekt erinnert. |
| 01.03 | 1 | 1 | 5 | **Weltall-Raumfrachter/ Kampfschiff – Außen/ Nacht:** Klaffende Löcher sind bereits auf der verwitterten Metallhaut des Frachters auszumachen, weitere Treffer lassen das kleine Raumschiff taumeln. |
| 01.04 | 1 | 1 | 5 | **Weltall-Raumfrachter/ Kampfschiff – Außen/ Nacht:** Der bedrohliche Schatten des gnadenlosen Angreifers schiebt sich über das unterlegene Raumschiff. |

Bei *GALAXXION* ist es einfach, die Effekteinstellungen im Drehbuchauszug zu finden. Etwas schwieriger ist es bei *UNTER DEN LINDEN*:

PRODUKTIONSTITEL: *UNTER DEN LINDEN*
PRODUKTIONSFIRMA: ABC-FILM
DREHBUCHFASSUNG: MAI 2001
FORMAT: SUPER 35
SEITENVERHÄLTNIS: 1:2.35
AUFLÖSUNG: 2K 2048x1556 (FULL)
VFX SUPERVISOR: N.N.

| VFX# | SEITE | SZENE | SEK. | ORT/ EINSTELLUNGSBESCHREIBUNG |
|---|---|---|---|---|
| 05.01 | 5 | 5 | 8 | **Berlin-Unter den Linden – Außen/ Tag:** Auf der Straße herrscht das Chaos. Überall liegen tote Menschen. |
| 05.02 | 5 | 5 | 5 | **Berlin-Unter den Linden – Außen/ Tag:** Brennende Häuserruinen heben sich drohend vom rauchgeschwärzten Himmel ab. |
| 05.03 | 5 | 5 | 5 | **Berlin-Unter den Linden – Außen/ Tag:** In der Ferne, inmitten der Zerstörung, ragt das kaum beschädigte Brandenburger Tor auf. |
| 05.04 | 5 | 5 | 8 | **Berlin-Unter den Linden – Außen/ Tag:** Als der verstörte Paul an dem zerbombten Gebäude hochblickt, das einmal sein Zuhause war, donnern plötzlich drei Jagdmaschinen in enger Formation über ihn hinweg. |

Noch schwieriger wird die Selektion der möglichen Effekteinstellungen in Projekten wie *HETZJAGD*:

PRODUKTIONSTITEL: *HETZJAGD*
PRODUKTIONSFIRMA: ABC-FILM
DREHBUCHFASSUNG: MAI 2001
FORMAT: ACADEMY (35MM)
SEITENVERHÄLTNIS: 1:1.85 ODER TV 16:9
AUFLÖSUNG: 2K 1828x988 ODER
VFX SUPERVISOR: N.N.
TV-PAL 16:9 1024x576 (720x576)

| VFX# | SEITE | SZENE | SEK. | ORT/ EINSTELLUNGSBESCHREIBUNG |
|------|-------|-------|------|-------------------------------|
| 09.01 | 10 | 9 | 3 | **Hotelküche – Innen/ Tag:** Die Wucht der Explosion schleudert einen der Terroristen quer durch den Raum. |
| 09.02 | 10 | 9 | 3 | **Hotelküche – Innen/ Tag:** Eine riesige Flammensäule schießt aus der geborstenen Gasleitung. |
| 09.03 | 10 | 9 | 3 | **Hotelküche – Innen/ Tag:** Im letzten Moment kann sich Lena hinter eine schützende Kühltruhe werfen – dann fegt das Feuer über sie hinweg. |
| 09.04 | 10 | 9 | 2 | **Hotelküche – Innen/ Tag:** Einige Kugeln schlagen nur Zentimeter neben Lenas Kopf in der Kühltruhe ein. |

## Die Vorvisualisierung von Effekteinstellungen *(Shot-Design)*

Bis jetzt haben wir uns bei der Arbeit mit den Drehbuchauszügen nur am geschriebenen Wort orientiert. Der nächste Schritt der Effektplanung kommt ohne eine Vorvisualisierung der Effekteinstellungen nicht mehr aus. Diese erste ›Verbildlichung‹ geht mit dem Effektdesign – der künstlerisch-technischen Antwort auf die simple Frage: »Wie bekomme ich diesen Effekt hin und wie könnte er aussehen?« – einher.

### Storyboards
sind das wichtigste Instrument zur Vorvisualisierung. Bildausschnitt, Bildkomposition, Hauptelemente und Kamerabewegungen einer geplanten Einstellung werden mit Hilfe einer oder mehrerer Zeichnungen illustriert. So hat man die Gelegenheit, bestimmte Ideen gemeinsam mit Regie, Kamera, Produktionsdesigner und Supervisor zu diskutieren.
Beim Storyboarden sollte man nach Möglichkeit alle bis dahin vorliegenden Informationen z.B. über Seitenverhältnis und mögliche Drehorte berücksichtigen. Optimal ist es, wenn schon Produktionsdesigns (etwa Raumschiffe für *GALAXXION*) vorliegen. Ohne Storyboards kann eine Effekteinstellung nicht präzise kalkuliert werden. Üblicherweise findet vor dem eigentlichen Storyboarden eine Besprechung mit Regie, Kamera, Visual Effects Supervisor, Produktionsdesigner und Storyboarder statt, bei der die geplanten Einstellungen umrissen werden. Letzterer scribbelt während der Besprechung schnelle Skizzen, die er später zu fertigen Storyboards ausarbeitet, die an-

schließend der Regie und dem Supervisor zur Abnahme vorgelegt werden. Die Abnahme sollte auf jeden Fall schriftlich (z.b. durch Unterschrift am Bildrand) erfolgen. Danach sind die Storyboards für die gesamte Effektproduktion bindend und werden in den Visual Effects Breakdown eingefügt. Auch bei der Arbeit am Set sind Storyboards als Einstellungsreferenz unerläßlich.

Storyboarden will geübt sein. Erfahrung im Umgang mit Perspektiven und Kameraeinstellungen sowie zeichnerisches Talent gehören zu den Voraussetzungen eines guten Storyboarders.

Merke: lieber in der Vorproduktion ein paar Storyboards zu viel zeichnen, als in der Postproduktion das Geld wegen schlechter Planung und mangelnder Vorvisualisierung zum Fenster hinauswerfen.

## Fotobearbeitung/ Fotoretuschen

Gerade bei der Planung von Effekteinstellungen für historische Stoffe wie für unser fiktives Projekt *Unter den Linden* bietet sich eine digitale Bearbeitung von Fotovorlagen, etwa mit Hilfe von *Photoshop,* an. Man kann auf diese Weise relativ schnell historisches Fotomaterial mit aktuellen Location-Fotos kombinieren, um einen ersten Gesamteindruck von einer Szenerie zu erhalten. Dies ist vor allem für den Produktionsdesigner relevant: Welche Teile des Bildausschnitts müssen durch eine Dekoration verdeckt oder ergänzt und welche müssen eventuell später in der Postproduktion bearbeitet werden? Diese Methode ersetzt allerdings nicht die Storyboards, sondern ist lediglich als ergänzende Maßnahme zu verstehen.

## Videomatics

Bei den Videomatics handelt es sich nicht um Zeichnungen, sondern um auf Videomaterial aufgezeichnete Einstellungen, die unter Zuhilfenahme von so genannten Primitivmodellen (Papprollen für Raumschiffe, Styroporkugeln für Planeten usw.) entstehen. Sie stellen eine kostengünstige Methode dar, Bildaufbau und Timing auszuprobieren, bevor der endgültige Shot in Produktion geht. In den USA werden diese häufig bei Science-Fiction-Produktionen eingesetzt (*Return of the Jedi*). Man kann sie ohne weiteres in bereits gedrehte Realsequenzen einschneiden, um vorab die Wirkung der gesamten Szene zu beurteilen.

## Animatics

werden oft mit Videomatics verwechselt. Im Gegensatz zu diesen werden Animatics nicht auf Video aufgezeichnet, sondern mit Hilfe eines Grafikprogramms im Computer hergestellt. Sie können in der Planungsphase, aber auch während der Effektproduktion eingesetzt werden, und zwar primär in der digitalen Bildbearbeitung. Gerade für Einstellungen wie in *Galaxxion* sind Animatics eine unerlässliche Hilfe für die Vorvisualisierung. Entweder baut man simple Modelle der darzustellenden Objekte (sog. ›Klötzchengrafik‹), oder man bedient sich der nach Designvorlagen im Rechner konstruierten Modelle, die allerdings extrem datenreduziert dargestellt werden. Im Prinzip bewegt sich die Herstellung von Animatics-Computeranimation auf einem sehr einfachen Level. Je nachdem, wie detailliert die Animatics sind (und mit welcher Hard- und Software sie erstellt wurden), können bestimmte Daten wie Objekt- und Kamerabewegungen für die ›richtige‹ Effekteinstellung übernommen werden. Animatics können aber auch als Effektlayouts für klassische Modelltricks dienen.

Bei Planung und Herstellung einer Eröffnungssequenz der vierteiligen Science-Fiction-Miniserie LEXX: THE DARK ZONE (1995/ 96) gab es mehrere Phasen der Vorvisualisierung. Zunächst, als das Design der Raumschiffe und Environments noch in Arbeit war, wurden einfache Storyboards angefertigt. Diese vermittelten dem Drehteam und den Effektspezialisten einen ersten Eindruck von der Fülle und Komplexität der Einstellungen. Darunter gab es welche, die komplett im Rechner generiert, und solche, in denen reale Dekorationsteile mit digitalen Modellen der Kampfraumschiffe und Hintergründe kombiniert werden mussten. Die ursprünglichen Storyboards dienten nur bedingt als Referenz für die komplett computergenerierten Einstellungen, da sich das endgültige Design z.B. der Raumschiffe in einigen Punkten von den Zeichnungen unterschied. Nach Anlieferung der Entwürfe wurde über weite Strecken der Sequenz ein neues Storyboard erstellt und mit dem bereits gefilmten Material ergänzt. Danach wurden Animatics der einzelnen Einstellungen zwecks Abnahme durch Regisseur und Visual Effects Supervisor produziert.

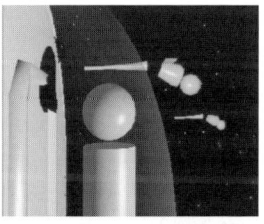

*Abb. 50: Storyboard der LEXX-Eröffnungssequenz*
*Abb. 51: Animatic*
*Abb. 52: Fertige Einstellung*

## Das Effektdesign (Visual Effects Art Direction)

Das Effektdesign ist integraler Bestandteil der Planung von Effekteinstellungen. Damit kann entschieden werden, ob ein Shot visuell glaubwürdig ist oder nicht. Joe Johnston, ehemaliger Effektdesigner bei George Lucas' Industrial Light & Magic, hat einmal gesagt, dass es »das Ergebnis einer Synthese aus Experimentierfreudigkeit und technologischem Fortschritt« sei. In der Tat ist es bei der Planung immer wieder eine große Herausforderung, die optimalen Techniken unter Berücksichtigung künstlerisch-technischer Aspekte zu kombinieren, damit am Schluss ein unter visuellen Gesichtspunkten stimmiges Ganzes herauskommt.

Das Effektdesign wird im Wesentlichen – wie immer beim Film – von zwei Faktoren beeinflusst: Zeit und Geld. Bei den knappen Budgets deutscher Produktionen ist dies besonders spürbar. Fast immer müssen gerade da Kompromisse gemacht werden, was sich dann auf das Ergebnis negativ auswirkt. Finanzielle Restriktionen lassen eine optimale Effektgestaltung einfach nicht zu – und daran wird sich so schnell auch nichts ändern. Umgekehrt helfen einem diese Einschränkungen, mit Ressourcen sparsam umzugehen, zu improvisieren und besonders einfallsreich zu sein.

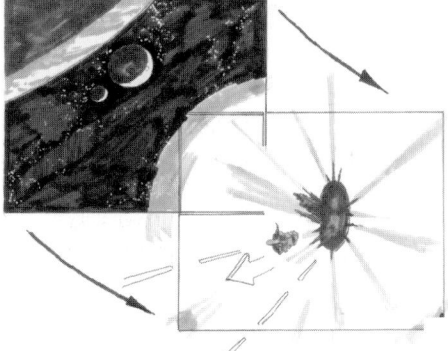

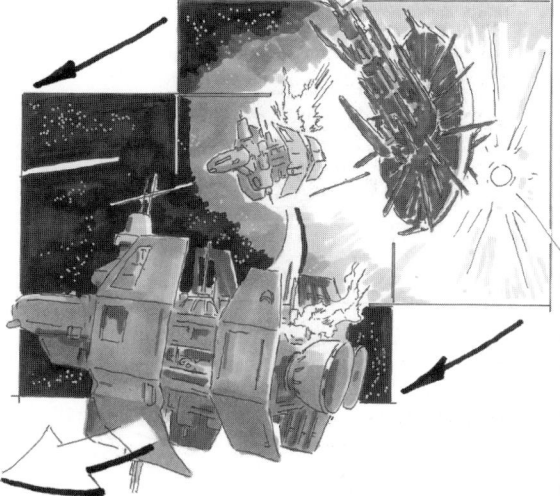

*Abb. 53: Storyboards für VFX#01.01*

Als Grundregel gilt: Zuerst wird bestimmt, welche Teile einer Einstellung real gedreht werden können. Die Storyboards zu den Einzel-Einstellungen werden dafür aufgegliedert bzw. unterteilt. Der real zu drehende Bildanteil wird mit einer bestimmten Farbe markiert. Die Teile, die erst in der Effekt-Postproduktion hinzugefügt werden, bekommen eine andere Farbe. Man kann auch eine eine Hilfslinie einzeichnen, die den realen von dem mittels Trick hinzuzufügenden Bildteil trennt. Danach überlegt man, mit Hilfe welcher Effekttechniken die zu ergänzenden Bildteile am besten (und kostengünstigsten) realisierbar sind.

*Wenden wir uns noch einmal unserem Fallbeispiel Galaxxion zu:*
Alle im Breakdown beschriebenen Einstellungen kann man als Komplettrickeinstellungen bezeichnen, da für ihre Herstellung keine Realdreharbeiten oder andere reale Elemente nötig sind. Phantastische Szenen im Weltraum lassen sich nun einmal nicht an realen Locations filmen. Welche Technik bietet sich also an?
Im Gegensatz zu traditionellen Modelltricks, Motion Control mit Raumschiffmodellen vor Bluescreen, Kombination der separat aufgenommenen Elemente im optischen Printer – wie sie noch in *Star Wars* zum Einsatz kamen – sind computergenerierte Effekte besonders für diese Art von Produktion flexibler und kostengünstiger. Auch im Hinblick auf die Produktionszeit bringen die digitalen Effekte klare Vorteile. Dies gilt wohlgemerkt nur für den Einsatz in Fernsehproduktionen und für die spezielle Art von Komplettrickeinstellungen wie in *Galaxxion*.
Modellpuristen beklagten in der Vergangenheit häufig die zu glatten und dadurch synthetisch wirkenden Oberflächen digitaler Raumschiffe. Mittlerweile ist die Technik aber so weit fortgeschritten, dass der Zuschauer digital konstruierte Raumschiffe nicht mehr von herkömmlichen Modellen unterscheiden kann. Hinzu kommt, dass das meist jugendliche Zielpublikum heute bereits mit der Ästhetik von Computermodellen vertraut ist. Die Effekte des ersten *Star Wars* erscheinen jungen Zuschauern gelegentlich sogar veraltet. Bei aufwendigen amerikanischen Science-Fiction-Spielfilmproduktionen (*Armageddon* oder *Star Wars Episode I: Die dunkle Bedrohung*) werden aber nach wie vor

Miniaturen in großem Stil eingesetzt. Die wesentlich höhere Bildauflösung für Kinofilm ist hier im Gegensatz zur reinen Fernsehproduktion ein ausschlaggebender Faktor. Die gefilmten Einzelelemente werden nicht mehr im optischen Printer kombiniert, sondern im digitalen Compositing.

*Abb. 54: Computergeneriertes Raumschiffmodell für Galaxxion*

Benötigt ein erfahrener Visual Effects Supervisor für die Planung und Realisation von Komplettrickeinstellungen wie in *Galaxxion* eigentlich den Rat des Regisseurs? Darauf gibt es keine klare Antwort. Regisseure und Kameraleute werden für deutsche Fernsehproduktionen kaum länger als für die Vorproduktion und die eigentlichen Dreharbeiten engagiert. Die Fertigstellung der im Breakdown aufgelisteten Effektshots für *Galaxxion* findet erst in der Postproduktion statt. Viele Regisseure lassen es sich nicht

*Abb. 55: Storyboard für VFX#05.01*

nehmen, alle Effekteinstellungen in ihrer Produktion prägend mitzugestalten, was eine Menge Zeit in Anspruch nehmen kann; andere wiederum mögen sich mit den Effekten gar nicht oder nur bedingt auseinandersetzen, überlassen diese Arbeit dem Supervisor und konzentrieren sich ganz auf die Arbeit mit den Darstellern. Selbstverständlich kommt es aber auch auf die Qualität des Supervisors an. Ist er technisch orientiert, braucht er die künstlerische Unterstützung des Regisseurs. Allein daran kann man erkennen, dass Filmemachen Teamarbeit ist und viel mit Fingerspitzengefühl, Verständnis, Anerkennung und Verantwortungsbewusstsein zu tun hat. (Im angloamerikanischen Film war der Visual Effects Supervisor ursprünglich sogar ein Effects Director, bis dann die *Directors Guild* Einwände dagegen erhob.)

Erheblich komplexer ist das Effektdesign der oben aufgelisteten Einstellungen des bombardierten Berlin aus *Unter den Linden*. Um es nicht komplizierter zu machen, setzen wir voraus, dass die Storyboards unter Berücksichtigung der gewählten Drehorte entstanden sind. Zusammen mit dem Regisseur und dem Produktionsdesigner ist im Vorfeld anhand der Storyboards bestimmt worden, welcher Bildanteil mit Hilfe von Effekten zu realisieren ist.

*Gehen wir einmal jede Einstellung einzeln durch:*

<u>VFX#05.01:</u> Der Regisseur möchte hier über die gesamte Szenerie schwenken, um das Ausmaß der Zerstörung zu zeigen. Dabei ist zu berücksichtigen, dass das Bildformat von 1:2.35 (Cinemascope) an sich schon besondere Anforderungen an den Bildaufbau stellt.

Am ausgewählten Drehort befinden sich drei moderne Gebäude im Hintergrund, die aus dem Bild retuschiert und durch Ruinen ersetzt werden müssen. Außerdem stören einige nicht zu entfernende oder durch Dekorationsbau zu kaschierende Reklametafeln. Die Toten im Vorder- und Mittelgrund werden überwiegend Puppen sein, allerdings sollen auch im Hintergrund zahlreiche Leichen liegen. Überall im Motiv sieht man kleinere und größere Brände. Abhängig vom Wetter (am Drehtag) muss der Himmel wahrscheinlich noch bearbeitet bzw. ersetzt werden.

*Abb. 56: Storyboard für VFX#05.03*

Der Supervisor schlägt vor, die Einstellung aus Kostengründen mit unbewegter Kamera (*locked-off*) und stummem Bildfenster (*open gate*, um den vollen Bereich des Negativs auszunutzen) zu drehen und den Schwenk später in der Postproduktion digital zu realisieren (*2D-pan*). Dadurch spart man sich den aufwendigen Einsatz einer Motion-Control-gesteuerten Kamera am Drehort. Die modernen Gebäude sollen durch Ruinen ersetzt werden. Diese müssen aber nicht eigens dreidimensional als Miniaturen oder digitale Modelle konstruiert werden. Die Ruinen kann man in der Postproduktion sehr leicht aus historischen Fotovorlagen im Computer montieren. Reklametafeln lassen sich digital aus dem Bild retuschieren. Die Puppen werden in verschiedenen Positionen vor Blue- oder Greenscreen fotografiert, digital vervielfältigt und in den Hintergrund eingefügt. Einige Feuer- und Rauchelemente werden separat vor Blue/ Greenscreen oder schwarzem Hintergrund gedreht, damit man sie einzeln mit Hilfe des Rechners im Bild platzieren kann. Wenn der Originalhimmel ersetzt werden soll, muss ein gesondertes Himmelelement gedreht werden, das in der digitalen Nachbearbeitung anstatt des Originalhimmels eingesetzt wird.

VFX#05.02: Für die brennenden Häuserruinen ließ sich kein Originalmotiv finden. Eine historische, schwarzweiße Fotovorlage bildet das Ausgangsmaterial für die Einstellung. Ein leichter Schwenk, wiederum realisiert in der digitalen Bildbearbeitung, wird mit eingeplant. Die Einstellung wird untersichtig angelegt, um den Boden aus dem Bild zu halten, die Fotovorlage im Rechner koloriert und mit separat aufgenommenen Feuer- und Rauchelementen kombiniert. Der Originalhimmel (auf dem Foto) muss wie bei der vorangegangenen Einstellung ersetzt werden.
Bei der Verwendung von Fotomaterial als Bildelement ist gerade in Kombination mit real aufgenommenen Motiven zu beachten, dass man die Lichtsituation der Fotovorlage mit Hilfe des Computers nur geringfügig verändern kann. Man muss also schon bei der Aufnahme realer Motive darauf achten, dass die Lichtsituation am Drehort mit der des Fotomaterials möglichst identisch ist.

*Abb. 57: Storyboard für VFX#05.04*

<u>VFX#05.03:</u> Auch für diese Einstellung, die ähnlich komplex wie VFX#05.01 ist, wird historisches Fotomaterial verwendet, allerdings in Kombination mit einem real gedrehten Motiv für den Bildvordergrund. Der Regisseur wünscht hier eine statische Einstellung (*locked-off*) mit dem fast unzerstörten Brandenburger Tor im Bildzentrum. Links und rechts der ehemaligen Prachtstraße Unter den Linden stehen zerbombte Gebäude. Viele Tote liegen verstreut im Bild. Einige Menschen untersuchen die Toten und bewegen sich durch die gespenstische Szenerie.
In das real zu drehende Motiv werden an den betreffenden Stellen Blue- bzw. Greenscreens positioniert, wo Personen oder Objekte in den später zu ergänzenden Bildteil hineinragen. Größere, statische Objekte, die nicht mit Hilfe von Bluescreen separiert werden können, lassen sich mittels digitalem Rotoscoping elektronisch ›ausschneiden‹. Das so aufgenommene Realmotiv wird im Computer mit historischem Fotomaterial, Feuer- und Rauchelementen und einem neuen Himmel kombiniert. Bei Bedarf kann man noch Puppen oder Darsteller, die bereits für VFX# 05.01. vor Blue- bzw. Greenscreen aufgenommen wurden, als separates Element hinzufügen.
Wenn für eine bestimmte Einstellung kein verwendbares historisches Fotomaterial existiert, müssen die zu ersetzenden Bildteile entweder klassisch gemalt (Matte Painting) oder als Miniaturen bzw. Computermodelle gebaut werden. Modelle, gleich welcher Art, verwendet man überwiegend bei bewegten Aufnahmen (*moving camera*), wogegen klassische Matte Paintings eher für die statischen Einstellungen in Frage kommen.

<u>VFX#05.04:</u> Hier stellt sich der Regisseur eine Einstellung über Pauls Schulter vor (*OTS – over the shoulder*). Die Kamera soll sich dann parallel zu Pauls Blick nach oben neigen, bis die Jagdmaschinen über die Ruine des Hauses hinwegdonnern.
Genau wie bei VFX#05.02. ist hierfür kein Originalmotiv vorhanden. Da Paul in der Einstellung relativ nah vor seinem zerstörten Haus steht, kann man nicht einfach digital an einer Fotovorlage hochschwenken. Der Zuschauer würde merken, dass die typischen perspektivischen Verschiebungen (*perspective shift*) fehlen. Der Supervisor entscheidet, dass ein digitales Modell des Hauses im Rechner gebaut wird, dessen Oberflä-

chen (*Texturen*) aus Fotomaterial von verschiedenen zerstörten Häusern bestehen. Feuer- und Rauchelemente fügt man zusätzlich ein.

Paul wird als separates Element vor Blue- bzw. Greenscreen gefilmt. Die Jagdmaschinen werden im Computer modelliert und animiert. Der Himmel soll wie bei den anderen Einstellungen wieder aus einem gesonderten Element bestehen.

Am Beispiel *Unter den Linden* wird deutlich, wie komplex das Effektdesign für Trickeinstellungen in einem historischen Stoff sein kann. Es gibt aber auch utopische Filme, die nicht im Weltraum, sondern in irdischen Städten in nicht allzu ferner Zukunft spielen (*Blade Runner* von Ridley Scott u.a.). Für solche Projekte wird oft eine real existierende Architektur mit Hilfe von Matte Paintings sowie digitalen oder konventionellen Modellen überarbeitet und ergänzt, ähnlich wie bei den historischen Stoffen. Auch in manchen Fantasy-Produktionen müssen Dekorationen ergänzt (*Set extensions*) oder sogar ganze Szenerien im Computer erzeugt werden (*Virtual Sets*).

*Hetzjagd* unterscheidet sich in einem wesentlichen Punkt von den vorangegangenen Beispielen. Hier handelt es sich nämlich nicht um Science Fiction oder einen historischen Stoff, sondern um einen Actionfilm, der in der *Gegenwart* spielt. Auch hier muss zuerst entschieden werden, was real gedreht wird und was nicht.

Die Produktion hat sich entschlossen, das Set der Hotelküche, in dem die Explosion stattfinden soll, als Dekoration in einem Studio bauen zu lassen, da aufgrund der vielen pyrotechnischen Effekte in dieser Sequenz (Flammensäule, lebende Fackel) verständlicherweise niemand bereit war, ein reales Interieur für die Dreharbeiten zur Verfügung zu stellen. Analysieren wir die einzelnen Einstellungen:

<u>VFX#09.01:</u> Die Szene, in der der Terrorist quer durch den Raum geschleudert wird, wird komplett *in-camera* am Set gedreht. Lediglich das dünne Stahlseil, welches den Stuntman nach hinten zieht, muss aus dem Bild digital retuschiert werden. Die Perspektive ist vom Kameramann so geschickt gewählt, dass es so aussieht, als würde der Terrorist direkt von der Explosion erfasst – in Wirklichkeit ist er mehrere Meter vom Explosionsort entfernt.

<u>VFX#09.02:</u> Diese Effekteinstellung wurde vom Supervisor ursprünglich alternativ in den Breakdown aufgenommen, weil in der Vorproduktion noch nicht feststand, ob die Flammensäule direkt *in-camera* am Set oder als digitales Compositing zweier separat aufgenommener Plates in der Postproduktion realisiert wird. Da die Hotelküche jetzt aber als Studiodekoration existiert, kann man die Flammensäule real drehen. Der Supervisor trägt die Änderung in den Visual Effects Breakdown ein.

<u>VFX#09.03:</u> »Im letzten Moment kann sich Lena hinter eine schützende Kühltruhe werfen – dann fegt das Feuer über sie hinweg«: eine typische Action-Montage, die der Regisseur aus mehreren Kameraperspektiven zeigen will, z.T. auch in extremer Zeitlupe (*high speed*). Dadurch gewinnt die Einstellung an Dramatik und Länge.

Der Supervisor bemerkt in den Vorgesprächen, dass diese Sequenz relativ aufwendig würde, sollten alle ›Untereinstellungen‹ von VFX#09.03 (A, B, C usw.) mit Hilfe von

*Abb. 58: Storyboard für VFX#09.03*

visuellen Effekten realisiert werden. Man einigt sich darauf, aus drei Perspektiven mit einem Stuntman *in camera* zu drehen. Lediglich die frontale Haupteinstellung, der so genannte ›Hero Shot‹, zeigt die Hauptdarstellerin in Aktion und muss daher über visuelle Effekte realisiert werden. Die Kamera bleibt für diese Einstellung unbewegt, also *locked-off.*

Für unseren Hero Shot werden zwei Plates gedreht: a) Die Darstellerin der Lena, wie sie sich hinter die Kühltruhe wirft, und b) der Feuerstoß, der über die Kühltruhe hinwegschießt. Bei der Aufnahme der Schauspielerin haben die Beleuchter *interaktives Licht* gesetzt, d.h. sie mussten das Licht der in dieser Aufnahme nicht existierenden Flammensäule, das in der Realität auf die Darstellerin fallen würde, mitberücksichtigen. Plate A und Plate B werden dann mittels digitaler Bildbearbeitung zu einer Einstellung zusammengesetzt.

Der Terrorist, der sich in eine lebende Fackel verwandelt und wie wild um sich schießt, wird von einem Stuntman in einem feuerfesten Anzug dargestellt. Hierfür sind besondere Sicherheitsvorkehrungen absolut notwendig. Generell lassen sich aufwendige pyrotechnische Effekte in Verbindung mit Stunts nur von erfahrenen Profis planen und realisieren, um Leib und Leben nicht zu gefährden. Es wäre fahrlässig mit Amateuren zu arbeiten und an diesem Punkt sparen zu wollen!

<u>VFX#09.04:</u> Da die Geschosse dicht neben dem Kopf der Darstellerin einschlagen sollen, entschließt sich der Supervisor, diese Einstellung aus Sicherheitsgründen – ähnlich dem des Hero Shot aus VFX#09.03 zu realisieren – nämlich *locked-off* mit zwei getrennt gedrehten Plates (A. Schauspielerin vor Kühltruhe, B. Kühltruhe separat mit pyrotechnischen Effekten). Beide werden im digitalen Compositing zu einem Shot zusammengefügt.

Jetzt, da das Effektdesign für unsere Beispielproduktionen feststeht, kann auch der Visual Effects Breakdown abgeschlossen werden. Dazu ergänzen wir den schon vorhandenen ersten Teil. Für jede Einstellung fügen wir rechts an die Rubrik, ›Ort/ Einstellungsbeschreibung‹ die folgenden Felder hinzu:
- Effektdesign: Kurzbeschreibung der Einstellung
- Unit: welche Unit (1$^{st}$, 2$^{nd}$, Model, Digital, SFX/ Special Effects usw.) für die Realisierung der jeweiligen *Plate* oder des benötigten *Elements* zuständig ist
- Format: in welchem Format die jeweilige Plate oder das benötigte Element realisiert wird (35 oder 16mm, Foto, Dia usw.)
- Frames: Feld für die Einzelbildanzahl jeder Plate/ jedes Elements
- Plate/ Element: hier werden zeilenweise alle Plates und Elemente aufgelistet, die für die jeweilige Einstellung erforderlich sind. Dazu zählen die real gedrehten Bildanteile ebenso wie Fotomaterial, Modellaufnahmen oder separate Feuerelemente.

Mit Plate bezeichnet man im Allgemeinen eine mit Schauspielern real gedrehte Einstellung, die in der 1$^{st}$ oder 2$^{nd}$ Unit *gedreht* wird. Eine Bluescreen-Einstellung mit Schauspielern nennt man Bluescreen-Plate.

Real gedrehte Einstellungen, die als Hintergründe in Bildkombinationen verwendet werden sollen, heißen Background-Plates.
- Bemerkungen: z.B. ob eine Einstellung mit unbewegter Kamera (*locked-off*) gedreht wird usw.

**Produktionstitel: GALAXXION          Produktionsfirma: ABC-Film          Drehbuchfassung: Mai 2001**

| VFX# | SEITE | SZENE | SEK. | ORT/EINSTELLUNGSBESCHREIBUNG | EFFEKTDESIGN |
|---|---|---|---|---|---|
| 01.01 | 1 | 1 | 10 | Weltall-Raumfrachter/Kampfschiff-A/N: Aus dem Sternenfeld..nähern sich zwei Objekte...den gleißenden Plasmatorpedos ...zu entgehen. | Komplettrickeinstellung, digital realisiert. |
| VFX# | SEITE | SZENE | SEK. | ORT/EINSTELLUNGSBESCHREIBUNG | EFFEKTDESIGN |
| 01.02 | 1 | 1 | 5 | Weltall-Raumfrachter/Kampfschiff-A/N: Die in rascher Folge abgefeuerten Geschosse stammen von einem gewaltigen Kampfschiff... | Komplettrickeinstellung, digital realisiert. |
| VFX# | SEITE | SZENE | SEK. | ORT/EINSTELLUNGSBESCHREIBUNG | EFFEKTDESIGN |
| 01.03 | 1 | 1 | 5 | Weltall-Raumfrachter/Kampfschiff-A/N: Klaffende Löcher sind bereits...weitere Treffer lassen das...Raumschiff taumeln | Komplettrickeinstellung, digital realisiert. |
| VFX# | SEITE | SZENE | SEK. | ORT/EINSTELLUNGSBESCHREIBUNG | EFFEKTDESIGN |
| 01.04 | 1 | 1 | 5 | Weltall-Raumfrachter/Kampfschiff-A/N: Der...Schatten des...Angreifers schiebt sich über das unterlegene Raumschiff. | Komplettrickeinstellung, digital realisiert. |

**Produktionstitel: UNTER DEN LINDEN          Produktionsfirma: ABC-Film          Drehbuchfassung: Mai 2001**

| VFX# | SEITE | SZENE | SEK. | ORT/EINSTELLUNGSBESCHREIBUNG | EFFEKTDESIGN |
|---|---|---|---|---|---|
| 05.01 | 5 | 5 | 8 | Berlin-Unter den Linden-A/T: Auf der Straße herrscht das Chaos. Überall liegen tote Menschen. | Digitales Compositing mit Realmotiv, Fotomaterial, separatem Himmel, Feuer- und Rauchelementen, Bluescreen Puppen. Retusche von Reklametafeln nötig. |
| VFX# | SEITE | SZENE | SEK. | ORT/EINSTELLUNGSBESCHREIBUNG | EFFEKTDESIGN |
| 05.02 | 5 | 5 | 5 | Berlin-Unter den Linden-A/T: Brennende Häuserruinen heben sich drohend vom rauchgeschwärzten Himmel ab. | Digitales Compositing mit Fotovorlage (muß digital nachcoloriert werden), separatem Himmel, Feuer- und Rauch- elementen. |
| VFX# | SEITE | SZENE | SEK. | ORT/EINSTELLUNGSBESCHREIBUNG | EFFEKTDESIGN |
| 05.03 | 5 | 5 | 5 | Berlin-Unter den Linden-A/T: Inmitten dieser Zerstörung thront das kaum beschä- digte Brandenburger Tor. | Digitales Compositing mit Realmotiv, Fotomaterial, separatem Himmel, Feuer- und Rauchelementen, Bluescreen Puppen. |
| VFX# | SEITE | SZENE | SEK. | ORT/EINSTELLUNGSBESCHREIBUNG | EFFEKTDESIGN |
| 05.04 | 5 | 5 | 8 | Berlin-Unter den Linden-A/T: Als...Paul an dem zerbombten Gebäude hochblickt,..., donnern plötzlich drei Jagdmaschinen über ihn hinweg. | Digitales Compositing mit Bluescreen Plate Paul, CGI Haus, separatem Himmel, Feuer- und Rauchelementen, CGI Jagdmaschinen. |

**Produktionstitel: HETZJAGD          Produktionsfirma: ABC-Film          Drehbuchfassung: Mai 2001**

| VFX# | SEITE | SZENE | SEK. | ORT/EINSTELLUNGSBESCHREIBUNG | EFFEKTDESIGN |
|---|---|---|---|---|---|
| 09.01 | 10 | 9 | 3 | Hotelküche-I/T: Die Wucht der Explosion schleudert...Terroristen durch den Raum. | Digitale Retusche eines Stahlseils, das den Terroristen nach hinten zieht. |
| VFX# | SEITE | SZENE | SEK. | ORT/EINSTELLUNGSBESCHREIBUNG | EFFEKTDESIGN |
| 09.02 | 10 | 9 | 3 | Hotelküche-I/T: Eine riesige Flammensäule schießt aus der geborstenen Gasleitung. | Der Effekt wird direkt am Set realisiert. |
| VFX# | SEITE | SZENE | SEK. | ORT/EINSTELLUNGSBESCHREIBUNG | EFFEKTDESIGN |
| 09.03 | 10 | 9 | 3 | Hotelküche-I/T: Im letzten Moment...dann fegt das Feuer über sie hinweg. | Digitale Kombination von zwei separat gedrehten Einstellungen. |
| VFX# | SEITE | SZENE | SEK. | ORT/EINSTELLUNGSBESCHREIBUNG | EFFEKTDESIGN |
| 09.04 | 10 | 9 | 2 | Hotelküche-I/T: Einige Kugeln schlagen... neben Lena's Kopf in die Kühltruhe ein. | Digitale Kombination von zwei separat gedrehten Einstellungen. |

*Abb. 59: Visual Effect Breakdown der Beispielproduktionen (Teil 1)*
*Abb. 60: Visual Effects Breakdown der Beispielproduktionen (Teil 2, siehe rechte Seite))*

| Format: Super 16 | | | Seitenverhältnis: TV 4:3 | Auflösung: TV-PAL 720x576 |
|---|---|---|---|---|
| UNIT | FORMAT | FRAMES | PLATE/ELEMENT | BEMERKUNGEN |
| Digital | CGI | 250 | Sternenfeld | siehe Designs und Storyboard |
| Digital | CGI | 250 | Raumfrachter | siehe Designs und Storyboard |
| Digital | CGI | 250 | Kampfschiff | siehe Designs und Storyboard |
| Digital | CGI | 250 | Plasmatorpedos | siehe Designs und Storyboard |
| UNIT | FORMAT | FRAMES | PLATE/ELEMENT | BEMERKUNGEN |
| Digital | CGI | 125 | Sternenfeld | siehe Designs und Storyboard |
| Digital | CGI | 125 | Kampfschiff | siehe Designs und Storyboard |
| Digital | CGI | 125 | Plasmatorpedos | siehe Designs und Storyboard |
| UNIT | FORMAT | FRAMES | PLATE/ELEMENT | BEMERKUNGEN |
| Digital | CGI | 125 | Sternenfeld | siehe Designs und Storyboard |
| Digital | CGI | 125 | Raumfrachter | siehe Designs und Storyboard |
| Digital | CGI | 125 | Plasmatorpedos | siehe Designs und Storyboard |
| UNIT | FORMAT | FRAMES | PLATE/ELEMENT | BEMERKUNGEN |
| Digital | CGI | 125 | Sternenfeld | siehe Designs und Storyboard |
| Digital | CGI | 125 | Raumfrachter | siehe Designs und Storyboard |
| Digital | CGI | 125 | Kampfschiff | siehe Designs und Storyboard |
| Digital | CGI | 125 | Plasmatorpedos | siehe Designs und Storyboard |
| Format: Super 35 | | | Seitenverhältnis: 1:2.35 | Auflösung: 2K 2048x1556 (full) |
| UNIT | FORMAT | FRAMES | PLATE/ELEMENT | BEMERKUNGEN |
| 1st | 35mm | 192 | Realplate Hauptmotiv | locked-off, open gate, Post-pan, kein Rauch im Bild |
| SFX | 35mm | tbd | Feuer- und Rauchelemente | mehrere Elemente, verschiedene Größen |
| 2nd | 35mm | 192 | Plate Himmel | gleiche Perspektive wie Hauptmotiv |
| 2nd | Fotos | tbd | Bluescreen-Fotos Puppen | verschiedene Größen, Winkel und Gruppierungen |
| Art Dep. | Fotos | tbd | Fotomaterial Ruinen | mehrere Fotos zur Auswahl |
| UNIT | FORMAT | FRAMES | PLATE/ELEMENT | BEMERKUNGEN |
| Art Dep. | Fotos | tbd | Fotovorlage Häuserruinen | mehrere Fotos zur Auswahl, Post-pan |
| SFX | 35mm | tbd | Feuer- und Rauchelemente | mehrere Elemente, verschiedene Größen |
| 2nd | 35mm | 120 | Plate Himmel | gleiche Perspektive wie Fotovorlage Häuserruinen |
| UNIT | FORMAT | FRAMES | PLATE/ELEMENT | BEMERKUNGEN |
| 1st | 35mm | 120 | Realplate Hauptmotiv m. Bluescreens | locked-off, wenn möglich kein Rauch im Bild |
| SFX | 35mm | tbd | Feuer- und Rauchelemente | mehrere Elemente, verschiedene Größen |
| 2nd | 35mm | 120 | Plate Himmel | gleiche Perspektive wie Hauptmotiv |
| 2nd | Fotos | tbd | Bluescreen-Fotos Puppen | verschiedene Größen, Winkel und Gruppierungen |
| Art Dep. | Fotos | tbd | Fotomaterial Ruinen | mehrere Fotos zur Auswahl |
| UNIT | FORMAT | FRAMES | PLATE/ELEMENT | BEMERKUNGEN |
| 1st | 35mm | 192 | Bluescreen Plate Paul | Schwenk nach oben |
| Digital | CGI | 192 | Digitales Hausmodell | Fotovorlagen für Texturen nötig |
| SFX | 35mm | tbd | Feuer- und Rauchelemente | mehrere Elemente, verschiedene Größen |
| 2nd | 35mm | 192 | Plate Himmel | Gleiche Perspektive wie Bluescreen Plate Paul |
| Digital | CGI | 192 | 3 digitale Jagdmaschinen | Fotovorlagen von echten Jagdmaschinen nötig |
| Format: Academy | | | Seitenverhältnis: 1:1.85 o. TV 16:9 | Auflösung: 2K oder TV-PAL 16:9 |
| UNIT | FORMAT | FRAMES | PLATE/ELEMENT | BEMERKUNGEN |
| 1st | 35mm | 72 | Plate Terrorist | |
| UNIT | FORMAT | FRAMES | PLATE/ELEMENT | BEMERKUNGEN |
| | | | | Effekt wird direkt am Set realsisiert. |
| UNIT | FORMAT | FRAMES | PLATE/ELEMENT | BEMERKUNGEN |
| 1st | 35mm | 72 | Plate Lena | locked-off, interakt. Licht auf Darstellerin |
| 1st | 35mm | 72 | Plate Feuer | locked-off |
| UNIT | FORMAT | FRAMES | PLATE/ELEMENT | BEMERKUNGEN |
| 1st | 35mm | 48 | Plate Lena | locked-off |
| 1st | 35mm | 48 | Plate Einschläge | locked-off |

*Neben den Designs und Storyboards sind mit dem kompletten Visual Effects Breakdown jetzt alle wichtigen Informationen für jede einzelne Effekteinstellung vorhanden. Auf dieser Basis kann präzise kalkuliert werden.*

*(Aus Gründen der besseren Übersicht ist die Kopfleiste verkleinert worden. Im Normalfall umfasst sie mehrere Zeilen und trägt den Namen des jeweiligen Visual Effects Supervisors.)*

## Die Kalkulation von Effekteinstellungen

»Budgetieren ist der Versuch, alle für die Herstellung eines Films erforderlichen Kosten abzuschätzen und aufzulisten.« [Ralph S. Singleton: Film Budgeting Or, How Much Will It Cost To Shoot Your Movie?] Ein in der deutschen Produktion tätiger Visual Effects Supervisor stellte ein relativ simples, aber ›effektives‹ Kalkulationsmodell vor, das mit drei Elementen spielt:

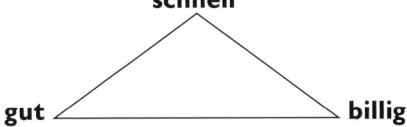

Jetzt wählen Sie einmal zwei Ecken dieses Dreiecks, die Ihnen besonders zusagen. Nehmen wir an, Sie haben sich für ›gut‹ und ›schnell‹ entschieden. Übrig bleibt ›billig‹ – und genau das würde mein Filmprojekt nicht, wenn es ›gut‹ und ›schnell‹ ausgeführt würde. Ähnlich verhält es sich mit den übrigen Kombinationsmöglichkeiten: ›schnell‹ und ›billig‹ ergibt nicht unbedingt ein qualitativ ›gutes‹ Ergebnis, ›gut‹ und ›billig‹ ist zwar möglich, aber ›schnell‹ kann solches nicht produziert werden.

Diese Binsenwahrheiten mögen auf den ersten Blick oberflächlich wirken, aber sie kommen der Realität doch sehr nahe.

Die Produktionsfirmen legen ihre Drehbücher verschiedenen Effektdienstleistern zur Kalkulation vor. In vielen Fällen sind die Kalkulationen für die Produktionsfirmen unübersichtlich, mit Fachausdrücken gespickt, und sie beinhalten oft versteckte Kosten, die auf den ersten Blick nicht zu erkennen sind. Effektdienstleister rechnen unter Berücksichtigung ihrer jeweiligen betrieblichen Struktur zumeist mit unterschiedlichen Kalkulations- und Kostenmodellen (z.B. einzelne Arbeitsschritte, Tagessätze inkl. Technik und Personal oder im günstigsten Fall einzelne Einstellungen). Ist ein Herstellungs- oder Produktionsleiter in der Praxis wirklich in der Lage, die eingehenden Angebote der verschiedenen Effektfirmen aufgrund der beschriebenen Leistungen und nicht nur anhand der aufgerufenen Preise miteinander zu vergleichen? Letztendlich ist die Entscheidung für den ›richtigen‹ Effektanbieter selten das Resultat einer fachlich und qualitativ überzeugenden Gesamtpräsentation, sondern mehr eine Kostenfrage.

Eine nicht unwesentliche Rolle bei der Auswahl des Unternehmens spielt – neben besonderen Vorlieben von Regisseuren, Producern oder sogar Redakteuren – die Inanspruchnahme regionaler Fördermittel durch die jeweilige Produktion. Das gilt besonders für Effektfirmen, deren Betätigungsfeld hauptsächlich die Postproduktion ist. Resultat ist leider mitunter eine finanzielle Realitätsverzerrung, die zusätzliche Spannungen in den ohnehin schon harten Konkurrenzkampf bringt. Es gibt einfach nicht genug genrespezifisch effektreiche Film- und Fernsehproduktionen, um alle Effektanbieter auszulasten. Die Konsequenz ist, dass viele kleinere Anbieter mittel- und langfristig am Markt nicht überleben können. Andere Dienstleister sind dazu übergegangen, interessante Projekte mitzufinanzieren und als Koproduzent zu agieren oder sich auf dem internationalen Markt umzusehen. Manche erweitern ihr Dienstleistungsangebot durch Editing oder Filmscanning/ Ausbelichtung, um ›Full-Service-Pakete‹ anbieten zu können.

*Generell sollte man bei der Auswahl einer Firma für Planung, Kalkulation und Realisation der Effekte auf Folgendes achten:*

- Wie sieht das Demoband (*Showreel*) der Firma aus? Wie ist das Verhältnis Film/ Fernseharbeit? Wie weit reicht das Spektrum der präsentierten Arbeiten? Fragen Sie ruhig nach, was der eine oder andere Effekt auf dem Demoband gekostet hat.
- Wie groß ist die Produktionserfahrung? Lassen Sie sich eine Kunden-Referenzliste zeigen.
- Wie viele Personen beschäftigt die Firma? Welche verschiedenen Berufsbilder (Visual Effects Supervisor, Visual Effects Producer, Modellbauer, Computergrafiker usw.) finden sich innerhalb der Firma? Wie ist das Verhältnis zwischen Festangestellten und Freelancern? Wie ist die Qualifikation der einzelnen Mitarbeiter zu bewerten? Kann die Firma die Effekte für Ihr Projekt in der vorgegebenen Produktionszeit herstellen?
- Wie ist die Firma technisch ausgestattet?
- Überzeugt die Firma durch professionelles Auftreten? Werden kreativ-technische Prozesse geduldig und verständlich erklärt? Setzt man voraus, dass Sie als Kunde über das entsprechende Wissen verfügen? (Sollte Letzteres der Fall sein, ist eher anzunehmen, dass bei diesen ›Fachleuten‹ das nowendige Know-How nicht vorhanden ist.)

Der billigste Effektanbieter ist nicht unbedingt der Schlechteste, und umgekehrt ist der teuerste häufig nicht der Beste. Die projektbezogen richtige Entscheidung für die eine oder andere Firma können nur Fachleute treffen, ebenso wie nur ein fähiger Regisseur einen Film richtig besetzen kann. Allein das spricht für die Zusammenarbeit mit einem Visual Effects Supervisor.

Im Idealfall lässt der Supervisor verschiedenen, vorher ausgewählten Effektdienstleistern den Effekt Breakdown inkl. Storyboards mit der Bitte zukommen, innerhalb einer bestimmten Zeit eine so genannte *Shot-by-Shot*-Kalkulation anzufertigen. Dabei wird jede Einstellung anhand des Breakdowns separat budgetiert. Der Preis für jede Einstellung sollte sämtliche Kosten enthalten (bis auf 1$^{st}$ und 2$^{nd}$ Unit-Dreharbeiten), die für die Realisierung nötig sind. Die *Shot-by-Shot*-Kalkulation ermöglicht einen direkten Vergleich aller eingehenden Angebote.

Falls nötig, kann der Supervisor anhand des Breakdowns auch verschiedene Kategorien selektieren (Modellbau, SFX-Elemente wie separater Rauch oder Explosionen, *Creatures/ Animatronics*, digitale Effekte), um diese von speziellen Dienstleistern kalkulieren zu lassen.

*Entscheidend für die Kalkulation ist:*
a) das Produktionsformat (TV oder Kinofilm)
b) die verfügbare Zeit für die Umsetzung der Effekte
c) das verfügbare Personal für die Realisation
d) die vorhandenen technischen Ressourcen

*zu a):*   Wir erwähnten bereits, dass die digitale Bildbearbeitung für ein Kinoprojekt wegen der höheren Auflösung des Kinobildes einschließlich Filmscanning und Ausbelichtung erfahrungsgemäß zwischen 40 und 50 Prozent teurer ist als die digitale Bildbearbeitung des gleichen Projekts in TV-Auflösung. Davon betroffen sind auch *Unter den Linden* und *Hetzjagd.* Da bei Letzterer in der Planungsphase noch nicht klar ist, ob es sich um ein TV-Movie oder einen Kinospielfilm handelt, müssen konsequenterweise beide Varianten kalkuliert werden.

Wie die Punkte b), c) und d) zusammenhängen, sei an einem kleinen Beispiel erläutert: Effektfirma X besitzt ein brandneues Computersystem, das rund € 1 Mio. gekostet hat. Ein Operator kann eine bestimmte Effekteinstellung mit diesem System in 8 Stunden fertig bearbeiten. Effektfirma Y hat ein etwas älteres Computersystem für € 300.000.– und braucht für die gleiche Einstellung rund 3 Tage.

Beide Firmen kalkulieren die gleiche Summe für die Bearbeitung der Effekteinstellung – bis dahin treten keine Probleme auf. Wenn allerdings der Faktor Zeit mit ins Spiel kommt, wird schnell deutlich, dass Effektfirma X mit ihrem neueren und teureren System größere Volumen in einer vorgegebenen Zeit realisieren kann als Effektfirma Y. Je nach Auftragsumfang und der zur Verfügung stehenden Produktionszeit kann Firma Y im Vergleich zu X entweder nur einen Teil des Auftrags bewältigen, oder sie muss in neue Technik und zusätzliches Personal investieren oder Teile des Auftrags über andere Effekthäuser abwickeln. Beides bedeutet organisatorischen bzw. finanziellen Mehraufwand für Y. Das hat zur Folge, dass Projekte mit einem bestimmten Volumen bei dieser Firma teurer werden als bei X (einmal abgesehen von der höheren Investition von Effektfirma X beim Kauf ihres neuen Computersystems und der damit verbundenen Rentabilitätsrechnung).

Sicherlich darf man heutzutage bei all der modernen und hochkomplizierten Technik die fachliche Qualifikation des Personals nicht außer Acht lassen. Es mag Fälle geben, in denen qualifiziertes Personal an einem langsamen System schneller und effektiver arbeitet als weniger qualifiziertes an einem wesentlich leistungsfähigeren System.

Wenn wir nun unsere drei Beispielproduktionen unter kalkulatorischen Aspekten betrachten, so können wir davon ausgehen, dass die Effekte für *Unter den Linden* im Vergleich zu *Galaxxion* und *Hetzjagd* aufwendiger und damit teurer sind (siehe Effektdesign und Breakdown), zumal es sich in diesem Fall auch um einen Kinospielfilm handelt.

*Was aber passiert, wenn die geplanten Effekte teurer ausfallen als eingeschätzt? Folgende Möglichkeiten stehen dann zur Disposition:*

- Das Effektbudget wird entsprechend erhöht (was in der Praxis in hundert Fällen einmal passiert).
- Effekte werden gestrichen.
- Effekte werden vereinfacht, z.B. werden aus Einstellungen mit bewegter Kamera *locked-off*-Einstellungen gemacht, bestimmte Effekteinstellungen werden weniger komplex angelegt, d.h. die Anzahl der Einzelelemente/ Plates wird reduziert.

Übrigens kann man feststellen, dass Kosten für etwas ›Greifbares‹, ›Gegenständliches‹, wie Modelle, Spezialmaskeneffekte oder mechanische Effekte eher nachvollziehbar sind als die Kosten für computergenerierte Modelle oder digitales Compositing. Es gibt das Vorurteil, dass im Rechner alles auf Knopfdruck geschieht und darum billig sein muss. Aber zurückdrehen lässt sich auch das Rad der Filmgeschichte nicht. Ebenso wenig wird man in den Produktionsbüros wieder die gute alte Schreibmaschine hervorkramen und auf die computergestützte Datenverarbeitung verzichten wollen.

Allerdings ist Geld, das bei deutschen Filmleuten oft noch vor einer guten Geschichte kommt, nicht der einzige Faktor für die Qualität. Ein Effektprofi (z.B. ein Computeranimator oder Modellbauer) wird immer versuchen, aus den finanziellen und zeitlichen Vorgaben in Verbindung mit seinen eigenen Kenntnissen und Fähigkeiten ein optimales Ergebnis zu erzielen. Schließlich ist Qualität eine Frage des Anspruchs. Entweder ist ein Effekt glaubwürdig und unterstützt die Story, oder er funktioniert nicht und der Zuschauer reagiert frustriert. Dann könnte man, wie es Shakespeare bei der Schilderung von Schlachten tat, einen Schauspieler vors Publikum schicken mit einem Schild, auf dem steht, dass jetzt ein grandioser Effekt folgt, den man nur leider nicht zeigen kann.

Wenn eine professionell geplante Effekteinstellung in der Realisierungsphase aufgrund schlechter Ausführung, gleich von welcher Seite verschuldet, misslingt, obwohl feststeht, dass das Ergebnis hätte besser ausfallen können, muss man von einer mangelhaften Teamleistung sprechen.

Die einzelnen Arbeitsschritte von Planung und Kalkulation, die bisher beschrieben wurden, gehen fließend ineinander über und finden nur in Ausnahmefällen chronologisch statt. In der Praxis ergeben sich oft täglich, manchmal sogar stündlich Änderungen in der Planung, auf die der Supervisor flexibel reagieren muss. Diese Änderungen beziehen sich nicht nur auf die Planungs- und Kalkulationsphase, sondern schwerpunktmäßig auf die Dreharbeiten und die Postproduktion. Wenn bei einer Produktion am Ende 80 Prozent der Effekteinstellungen so umgesetzt wurden, wie sie ursprünglich geplant waren, ist das schon ein sehr gutes Ergebnis.

# Special Effektdreharbeiten

Man mag denken, dass sich seit Einführung der digitalen Effektbearbeitung und dem dadurch bedingten Rückgang traditioneller Techniken (In-Kamera-Effekte, Vorsatz-modelle, Spiegeltricks oder Glasgemälde) die Arbeit am Set im Bereich visueller Spezial-effekte extrem vereinfacht hat. Mehr noch: da heute fast alle Tricks in der digitalen Postproduktion komplettiert werden oder dort gar erst entstehen, verringert sich konsequent auch die Drehzeit für Effekteinstellungen, so lautet die Schlussfolgerung. Ein Visual Effects Supervisor am Drehort – möchte man meinen – wird also nicht mehr benötigt.

Doch dieser Logik liegt ein Denkfehler zugrunde. Effekte in die Postproduktion zu verlagern, bedeutet zunächst nicht, dass bei Aufnahme von Effekt-Plates oder einzel-nen Effekt-Elementen weniger Wert auf korrekte Ausführung gelegt werden muss. Denn wenn das Ausgangsmaterial qualitativ schlecht ist, kann es auch der Computer nicht mehr richten.

Bei Effektdreharbeiten auf den Supervisor zu verzichten, heißt an der falschen Stelle sparen. Am Ende solcher Dreharbeiten steht in vielen Fällen Material, das für eine digitale Effektbearbeitung völlig unbrauchbar oder nur mit hohem finanziellen Auf-wand zu retten ist. Mit einem erfahrenen Supervisor am Set können Katastrophen wie diese leichter vermieden werden.

Digitale Bildbearbeitung erfordert die visuelle Vorstellungskraft eines Regisseurs und Supervisors am Set. Bei komplizierten Effekteinstellungen – bestehend aus vielen se-parat aufgenommenen Elementen – muss der Supervisor bei den Dreharbeiten die Übersicht behalten. Er muss stets das geplante Endergebnis vor Augen haben. Gerade wenn digital erzeugte Charaktere oder Objekte erst später in real aufgenommene Szenerien eingefügt werden, ist präzise Detailarbeit gefragt, z.B. das Platzieren von Trackingpunkten im Bildausschnitt, die separate Aufnahme von Lichtreferenzen unter Zuhilfenahme von Graumodellen o.Ä. Auch hier zählen Erfahrung und solides (digita-les) Handwerk.

*Effektdreharbeiten unterteilen wir in folgende Kategorien:*
- 1$^{st}$-Unit-Effektdreharbeiten (*1$^{st}$ Unit Plate Shooting*)
- 2$^{nd}$–Unit-Effektdreharbeiten (*2$^{nd}$ Unit Plate Shooting*)
- Bluescreen-Dreharbeiten (*Bluescreen Shooting*)
- Dreharbeiten von separaten Hintergründen für Trickkombinationen (*Background Plate Shooting*)
- Modelldreharbeiten (*Model Shooting*)

- Dreharbeiten von separaten Spezialeffekten (Pyrotechnik: Explosionen, Feuer, Rauch, Nebel etc.) für Trickkombinationen (*SFX Shooting*)

Abhängig vom jeweiligen Effektdesign einer Trickeinstellung ist es möglich, die Blue-screen- (oder die ihr verwandte Greenscreen-)Technik in fast allen Bereichen einzusetzen.

## Worauf muss man beim Effektdreh achten?

### Lichtsituation innen – außen

Bei den Dreharbeiten im Atelier (Interieur) hat man im Gegensatz zum Außendreh eine direkte Kontrolle über die Lichtsituation und das Motiv. Wenn sich die Dreharbeiten von Effekteinstellungen an einem Außenmotiv länger als geplant hinziehen, kann die Veränderung des Sonnenstands zwischen den einzelnen Einstellungen Probleme bereiten. Sollen später digital erzeugte Objekte eingefügt werden, muss man die virtuellen Lichtquellen, die die digitalen Objekte beleuchten, entsprechend anpassen, damit keine Kontinuitätsprobleme entstehen.

### Effekteinstellungen mit unbewegter Kamera

Aus Kostengründen werden Effekteinstellungen überwiegend mit unbewegter Kamera gedreht – ein Zustand, der uns leider auch unbeweglich macht gegenüber dem hohen Standard, den ausländische Produktionen setzen. Der Zuschauer ist mittlerweile so verwöhnt von den entfesselten Einstellungen amerikanischer High-End-Produktionen, dass er eine Effekteinstellung in einer deutschen Produktion meistens schon daran erkennt, dass sich die Kamera nicht bewegt. Deshalb behilft man sich oft mit nachträglich in der digitalen Bildbearbeitung simulierten Kamerabewegungen (*Post pan/ tilt*), die in ihrer Anwendung allerdings limitiert sind und kaum eine Alternative zu einer ›echten‹ Kamerabewegung darstellen.

Wenn eine Einstellung oder das Filmen eines Elements mit unbewegter Kamera (*locked-off shot*) aus Kosten- oder Technik-Gründen nicht vermeidbar ist, muss darauf geachtet werden, dass die Kamera auf einem soliden Stativ fixiert und gegen jede Bewegung oder Erschütterung gesichert ist.

Bei der Planung einer Effektkombination aus separat aufgenommenem Vorder- und Hintergrund, egal ob mit bewegter oder unbewegter Kamera, ist während der Aufnahme der einzelnen Elemente auf die korrekte Perspektive zu achten, damit beide Elemente später problemlos zusammenpassen.

Höhe und Neigungswinkel der Kamera sowie Platzierung der Horizontlinie im Bildausschnitt müssen besonders beachtet werden. Die Positionierung von Referenzobjekten bzw. -personen (*Stand-ins*) im Bild bietet eine gute Möglichkeit, die angestrebte perspektivische Übereinstimmung zu prüfen. Es ist ratsam, zunächst einige Meter Film mit den Referenzen im Bild aufzunehmen, bevor man diese aus dem Motiv entfernt und die eigentliche Plate dreht.

## Effekteinstellungen mit bewegten Hintergründen

Bewegte Hintergründe werden z.b. für Kombinationen mit Fahrzeugen benötigt, die während der Dreharbeiten im Studio stehen und sich also nicht bewegen. Dafür müssen bei der Aufnahme der Hintergründe (meistens auf fahrbaren Plattformen) die passenden Blickwinkel in Relation der Einstellung zum jeweiligen Atelierfahrzeug aufgenommen werden. Auch hier ist die Höhe der Kamera sowie der Neigungswinkel zu berücksichtigen. Wenn man in einer fertigen Kombination von Vorder- und Hintergrund aus einem Busfenster blickt und nur die Beine der Passanten auf dem Gehsteig sieht, sind bei der Hintergrund-Aufnahme offensichtlich Fehler gemacht worden.

## Effekteinstellungen mit bewegter Kamera

*a) Digital Tracking*

Eine der technischen Leistungen von *Jurassic Park* war neben dem Einsatz digitaler Dinosaurier auch die nahezu unbegrenzt bewegte Kamera, die eine bis dahin selten gesehene Dynamik in die Effekteinstellungen brachte. Zu dieser Zeit steckte das digitale Tracking bzw. Matchmoving noch in den Kinderschuhen. Beim digitalen Tracking wird versucht, die Bewegung der realen Kamera am Set mit der virtuellen im Computer nachzustellen, damit digital erzeugte Objekte (oder Modelle) nachträglich passgenau in das Bild eingefügt werden können. Zur Entstehungszeit von *Jurassic Park* (Anfang der 1990er-Jahre) war dies eine sehr zeitaufwendige Aufgabe, die von einigen Spezialisten fast ausschließlich in Handarbeit gelöst wurde. Heute gibt es spezielle Software, die den Trackingprozess zwar nicht auf einen Knopfdruck reduziert, wohl aber vereinfacht und unterstützt.

Zur Vorbereitung einer Einstellung, die später in der Postproduktion digital getrackt werden soll, fixiert der Supervisor eine bestimmte Anzahl von Trackingpunkten im Motiv (z.B. Tischtennisbälle, Kreuze aus weißem oder schwarzem Klebeband, Tennisbälle). Dies sind die Referenzpunkte, an denen sich die jeweilige Trackingsoftware später orientiert. Die meisten aktuellen Trackingprogramme benötigen im Bildausschnitt permanent eine bestimmte Anzahl dieser Referenzpunkte. Bei aufwendigen Einstellungen muss zusätzlich das Set präzise vermessen werden. Die Maßangaben sind wichtig, um ein virtuelles Abbild des Sets im Computer zu erzeugen.

Digitales Tracking galt bei seiner weltweiten Markteinführung als die neue ›Wunderwaffe‹ der Effektspezialisten. In amerikanischen Firmen gibt es ganze Abteilungen, die sich ausschließlich mit digitalem Tracking beschäftigen – für deutsche Unternehmen ein unvorstellbarer Aufwand. Die Euphorie hierzulande währte deshalb nur kurz: Zeit und Kosten, die man am Set gegenüber dem Einsatz von Motion-Control-Systemen eingespart hat, müssen nun in die digitale Bildbearbeitung investiert werden. In vielen Fällen ist es auch erforderlich, während des digitalen Trackings von Hand nachzubessern, ganz zu schweigen von der Zeit, die man für die Retusche der Trackingpunkte benötigt. Sicher wird diese Technologie den Einsatz bewährter Motion-Control-Systeme nicht überflüssig machen, aber sie wird sich weiterentwickeln. Motion Control wird weiterhin dann benötigt, wenn exakt die gleiche Kamerabewegung mehrfach wiederholt werden muss.

## b) Motion Control Camera

Je nach System-Komplexität können horizontale und vertikale Schwenks, horizontale und vertikale Fahrten und/ oder Rotationen um die Längsachse der Kamera ausgeführt werden. Kontrolle von Bewegungs- und Tiefenschärfe bei der Aufnahme von Miniaturmodellen ist ebenso möglich.

Wie und wann ein Motion-Control-System bei Dreharbeiten zum Einsatz kommt, ist abhängig von der jeweiligen Effekteinstellung und der Entscheidung des Visual Effects Supervisors. Transport, Montage und Programmierung derartiger Systeme sind die Aufgabe von Fachpersonal. Einige wenige Firmen und Einzelanbieter haben sich auf diesen Bereich spezialisiert.

Es gibt transportable und stationäre Motion-Control-Systeme. Die transportablen, die sowohl für Dreharbeiten innerhalb als auch außerhalb eines Studios eingesetzt werden, sind normalerweise sehr geräuscharm. Daher sind Tonaufnahmen (Dialoge etc.) auch während der Dreharbeiten mit solchen Systemen möglich. Im Gegensatz zu den stationären Systemen, die bei der Aufnahme von Modellen nur wenige Bilder pro Sekunde belichten, arbeiten die transportablen Motion-Control-Systeme überwiegend in Echtzeit, d.h. die Kamera nimmt 24 Bilder pro Sekunde auf. Das stellt besondere Anforderungen an die mechanischen Komponenten des Systems.

Die Programmierung der Kamerabewegung für eine Einstellung kann prinzipiell auf mehrere Arten erfolgen. Bei der ersten Variante programmiert der Operator bestimmte Fixpunkte (*Key Positions*) einer geplanten Fahrt. Der Computer fährt dann selbständig die Bereiche zwischen den vorher festgelegten Punkten ab und berechnet auf diese Weise automatisch die gesamte Kamerabewegung. Diesen auf reiner Mathematik basierenden Bewegungen fehlt allerdings der ›menschliche‹ Zufallsfaktor, der zum Realismus einer Einstellung beiträgt.

Die zweite Variante erlaubt daher dem Operator, jede einzelne Komponente einer Motion-Control-Kamerabewegung manuell zu programmieren (z.B. mit Hilfe von Joysticks), um den vorher angesprochenen Zufallsfaktor bewusst mit einzubeziehen.

Eine dritte, relativ neue Spielart ist die Verwendung digitaler Tracking-Daten zur Steuerung einer Motion-Control-Einheit, z.B. wenn man Modelle nachträglich in bewegte Hintergründe einfügt, die aus technischen Gründen nicht mit einer Motion-Control-gesteuerten Kamera aufgenommen wurden. Zunächst wird die für die Hintergrundaufnahme durchgeführte Kamerabewegung mit Hilfe von Computer und speziellem Trackingprogramm virtuell nachvollzogen. Die daraus resultierenden Bewegungsdaten werden aus perspektivischen Gründen auf den verwendeten Modellmaßstab heruntergerechnet und in den Motion-Control-Steuercomputer eingelesen, der dann die Modelle mit exakt der gleichen Kamerabewegung filmt, die die reale Kamera am Drehort ausgeführt hat. Beide Elemente können anschließend im Compositing synchronisiert werden. Motion-Control-Miniaturaufnahmen werden oft vor einem Bluescreen gedreht, um die Modelle vom Hintergrund zu separieren.

## Dreharbeiten mit Bluescreen

Dieser *Colour Difference Travelling Matte Process* hat mühelos den Übergang von der optischen Trickbearbeitung zum digitalen Film- und Videoeffekt geschafft. Die Technik basiert auf der Isolierung von Vordergrundelementen mittels einfarbigem Hintergrund. Je größer der Unterschied zwischen den Farben der Vordergrundelemente und der künstlichen, gesättigten Farbe des Bluescreen ist, umso einfacher ist es, den Vordergrund vom Bluescreen zu separieren. Dabei muss allerdings sichergestellt sein, dass die Bluescreen-Farbe nicht in den Vordergrundelementen enthalten ist.

Theoretisch lässt sich in der digitalen Bearbeitung jede Farbe verwenden. Blau, Grün und Orange werden am häufigsten gewählt, da sie in den meisten Situationen am besten funktionieren. Die Farbwahl ist im Wesentlichen von den zu separierenden Vordergrundelementen abhängig.

Die vom Hintergrund zu isolierenden Objekte oder Personen sollte man so weit wie möglich vom Bluescreen weg platzieren. Um eine flächige und gleichmäßige Ausleuchtung desselben zu erhalten, muss normalerweise viel Licht verwendet werden. Dabei kann blaues Streulicht vom Bluescreen auf Vordergrundelemente fallen (*Blue Spill*). Eine Möglichkeit, dies zu verhindern, besteht darin, den blauen Schirm mit indirektem Licht auszuleuchten. Man kann auch ultraviolettes Licht einsetzen, allerdings nur dann, wenn gleichzeitig UV-empfindliche Bluescreen-Materialien und Farben eingesetzt werden. Hinterlicht auf den Vordergrundelementen kann ebenfalls hilfreich sein. Die Beleuchtungsstärke des Bluescreen sollte generell gleich bzw. höher sein als das hellste Objekt in der Szene.

Bei solchen Dreharbeiten leistet eine Kamera mit Videoausspielung gute Dienste. Das Videosignal lässt sich live durch einen einfachen Chroma Keyer schicken, sodass man die Bluescreen-Ausleuchtung besser beurteilen kann. Dazu wird anstelle des Bluescreen Hintergrundmaterial (es können auch Zeichnungen der fertigen Einstellung sein, wenn der Background noch nicht abgedreht wurde) eingeblendet. Durch diesen Vorgang lässt sich Zeit und Geld in der Postproduktion einsparen.

Eine der wichtigsten Aufgaben des Visual Effects Supervisors besteht darin, jegliche Veränderung der Ausleuchtung oder Schattenbildung, die auf den Bluescreen einwirken könnte, zu verhindern oder wenigstens unter Kontrolle zu haben. Deshalb sollte die Rückseite des Bluescreen nach Möglichkeit lichtundurchlässig sein. Große Bluescreens an Außensets sind extrem windempfindlich, müssen also solide konstruiert und gut gesichert sein.

## Dreharbeiten mit Modellen

Spätestens, als Serien wie *Babylon 5* oder *LEXX: The Dark Zone* ihre Raumschiffe mit Hilfe des Rechners realisierten, schienen die Tage des Modellbaus gezählt. Bei beiden Produktionen handelte es sich allerdings um Arbeiten für das Fernsehen, die mit einer wesentlich geringeren Bildauflösung im Vergleich zum Kinofilm auskamen. In solchen Fällen macht der Einsatz überwiegend computergenerierter Raumschiffmodelle sicherlich Sinn und hilft, das Budget auf TV-Niveau zu halten. Der Einsatz von Modellen in Film- und Fernsehproduktionen ist aber nicht auf das fantastische Genre beschränkt.

Effekteinstellungen für Filme wie *Titanic* von James Cameron wären ohne Modelle nicht zu verwirklichen gewesen. Mit Hilfe der digitalen Bildbearbeitung lassen sich auch Modellaufnahmen wesentlich naturgetreuer gestalten.

So war die Titanic-»Miniatur« über weite Strecken des Films in digital erzeugtes Wasser integriert, das wesentlich zum realistischen Eindruck der Szenen beigetragen hat. Hätte man das ca. sieben Meter große Modellschiff für die Aufnahmen in echtes Wasser gesetzt, wäre dem Zuschauer der Trick sofort aufgefallen: Wasser gehört zu den Elementen, die sich nicht maßstabsgerecht verkleinern lassen. Zudem bevölkerten das Modellschiff in großer Zahl digitale Passagiere, die in der Postproduktion eingefügt wurden.

Bei der Konstruktion und der Aufnahme von Modellen sind einige wichtige Punkte zu beachten. Modelle, die mit Feuer oder Wasser in Berührung kommen, müssen im größtmöglichen Maßstab gebaut werden. Wichtig ist auch, dass ein Shot, in dem Miniaturen zum Einsatz gelangen, mit der vorhergehenden und nachfolgenden Einstellung korrespondiert. Der Trickkameramann muss wissen, wie eine Aufnahme mit Modellen richtig in Szene gesetzt wird. Zunächst ist darauf zu achten, dass die Modellszenerie unter Berücksichtigung des Modellmaßstabs wie eine Realszenerie ausgeleuchtet wird. Um das Modell scharf abzubilden, muss man mit einer kleinen Blendenöffnung arbeiten. Zur Simulation der atmosphärischen Diffusion einer Realaufnahme wird beim Modelldreh neben verschiedenen Kamerafiltern oft künstlicher Rauch eingesetzt. Bei Kamerabewegungen während einer Miniaturaufnahme sollte man sicher sein, dass sie zum realistischen Eindruck beitragen. Entsprechend dem gewählten Modellmaßstab muss der Kameramann auch die Bildgeschwindigkeit anpassen, mit der er das Modell aufnimmt. Viele Trickkameraleute haben allerdings im Laufe ihrer Tätigkeit ihre eigenen ›Rezepte‹ für realistische Modellaufnahmen entwickelt.

Modelle werden oft in Kombination mit Bluescreen und Motion Control aufgenommen. Bei Aufnahmen, die ohne großen Aufwand nicht wiederholt werden können, etwa die des Weißen Hauses in Roland Emmerichs *Independence Day*, nimmt man das pyrotechnisch sorgfältig präparierte Modell aus Sicherheitsgründen mit mehreren Hochgeschwindigkeitskameras (*high speed*) auf, die z.T. mehr als 250 Einzelbilder pro Sekunde belichten. Werden diese Szenen dann mit normaler Geschwindigkeit (24 Bilder pro Sekunde) abgespielt, gewinnen die Miniaturen an Masse und Dimension.

Es gibt aber auch Modelle, die zu wertvoll sind, um sie vor laufender Kamera explodieren zu lassen, oder die aus anderen Gründen nicht für eine Sprengung geeignet sind. Dann muss mit separaten Elementen gearbeitet werden.

## SFX-Elemente-Dreharbeiten

Unter SFX-Elemente-Dreharbeiten versteht man die Aufnahme separater Spezialeffekte wie Regen, Schnee, Nebel, Rauch, Feuer und Explosionen vor einem schwarzen oder monochromatischen Hintergrund. Diese Spezialeffekt-Elemente kann man mit anderen Elementen kombinieren und auch in Modelle integrieren.

Viele Leser werden sich gewiss an die Explosion des Todessterns am Ende des *Kriegs der Sterne* erinnern. Fakt ist, dass das ca. 1 Meter große Originalmodell der fliegenden

Festung dabei keinen einzigen Kratzer abbekommen hat. Anstatt des teuren Modells hat man eine separat aufgenommene Explosion mit Aufnahmen des Todessterns verschmolzen.

Heutzutage gibt es eine Reihe von Firmen, die so genannte *FX Libraries* auf CDs oder anderen Speichermedien anbieten. Diese digitalen Spezialeffekt-Bibliotheken beinhalten neben vielen Explosionen auch diverse Feuer-, Rauch- und Nebelelemente in unterschiedlichen Auflösungen. Zu den Haupteinsatzgebieten der ›Konserveneffekte‹ zählen Low-Budget-Filmproduktionen und Fernsehserien.

Die gängige Produktionspraxis zeigt allerdings, dass für eine Effekteinstellung bestimmte SFX-Elemente häufig aufgenommen werden müssen, die man nicht standardisieren kann und deshalb nicht in einer FX Library zu finden sind. Natürlich sind derartige auf die speziellen Anforderungen einer Trickeinstellung zugeschnittenen SFX-Elemente in der Herstellung erheblich kostenintensiver als die Verwendung von reinen Library-Bildern, doch kann man hier mehr Einfluss auf Planung und Realisierung nehmen und erhält somit ein qualitativ hochwertigeres Resultat.

Ein Beispiel: In einem Spielfilm soll eine Villa in Flammen aufgehen. Am realen Gebäude darf aus Sicherheitsgründen nicht mit echtem Feuer gearbeitet werden. Die Konstruktion eines detaillierten Modells ist nicht möglich, da es wegen des zu wählenden Maßstabs (Miniaturen, die mit Feuer oder Wasser in Berührung kommen müssen im größtmöglichen Maßstab gebaut werden) zu teuer würde. Deshalb entschließt sich der Visual Effects Supervisor, eine *Firebox* der Villa herstellen zu lassen. Dies ist ein spezielles Modell, das zwar von der Form her der realen Villa entspricht (natürlich maßstabsgerecht verkleinert), allerdings keine Details aufweist. Es besteht aus feuerresistentem Material und ist komplett schwarz gestrichen.

Mit Hilfe der Firebox lassen sich unkompliziert die benötigten Feuerelemente aufnehmen, die später digital mit dem realen Gebäude kombiniert werden. Der Sinn einer Firebox liegt darin, die Flammen durch die vorgegebene Form einer realen Szenerie zu beeinflussen.

Bei den Aufnahmen der realen Villa ist darauf zu achten, dass man diese innen und außen so beleuchtet, als würde das imaginäre Feuer die Innenräume und die Fassade erhellen (*interaktives Licht*).

Die Konstruktion einer Firebox ist wesentlich preiswerter und Zeit sparender als die Anfertigung eines detaillierten Modells. Allerdings ist dabei nicht außer Acht zu lassen, dass man die aufgenommenen Feuerelemente in der digitalen Postproduktion mit der realen Szenerie kombinieren muss. Abhängig vom jeweiligen Motiv sollten deshalb beide Varianten (detailliertes Modell – Firebox-Modell einschließlich digitalem Compositing) gegengerechnet werden, bevor man sich voreilig für die eine oder andere Lösung entscheidet.

Für Planung und Ausführung von SFX-Elementen ist die Hilfe von Fachpersonal (Pyrotechniker) zwingend erforderlich. Beim Umgang mit Feuer oder Explosionen sind besondere Sicherheitsmaßnahmen notwendig, um Verletzungen zu vermeiden. Auch Kamera und Equipment müssen vor eventuell auftretenden Schäden geschützt werden.

Ob ein SFX-Element vor schwarzem, blauem oder grünem Hintergrund aufgenommen wird, ist im Endeffekt abhängig von dem jeweiligen Element, dem genauen Verwendungszweck und der Entscheidung des Visual Effects Supervisors.

## Der Visual Effects Supervisor am Set

Einer der wichtigsten Aspekte beim Effektdreh ist die Planung. Das Set ist kaum der richtige Ort, um lange über Optionen oder Alternativen nachzudenken. Das bezieht sich besonders auf die Dreharbeiten von Elementen oder Plates für digitale Effekte, deren Fertigstellung erst in der Postproduktion stattfindet. Angesichts verunglückter Aufnahmen durch mangelnde Planung ist der Spruch: ›We fix it in Post‹ (wir bringen das in der Postproduktion in Ordnung) wenig hilfreich. Hier sind Kompetenz und Erfahrung des Visual Effects Supervisors gefordert.

Die Funktion des Visual Effects Supervisors am Set lässt sich mit den drei Ks charakterisieren: Kommunikation – Kontrolle – Kompromisse.

### 1. Kommunikation

Eine 1$^{st}$ und 2$^{nd}$ Unit-Filmcrew besteht aus einer homogenen Gruppe mit verteilten Rollen. Der Visual Effects Supervisor, der von außen kommt, wird zuerst einmal als Eindringling betrachtet, als jemand, dessen Funktion und Einflussbereich sich nicht abschätzen lassen. Der Umstand, dass Regie und Kamera den Supervisor oft schon aus der Vorproduktionsphase kennen, trägt kaum zur Integration bei. Es sollte wenigstens zum guten Ton gehören, dass der Aufnahmeleiter dem Team den Visual Effects Supervisor vorstellt. Selbstverständlich muss der Supervisor auch auf den Tagesdispos und in der Crewliste aufgeführt sein.

Der Supervisor ist auf die Informationen der Kameracrew angewiesen und arbeitet eng mit verschiedenen anderen Teams (Beleuchter, Elektriker oder Baubühne) zusammen. Im günstigsten Fall kennt er sich mit der Psychologie eines Filmteams aus und wird sich entsprechend verhalten. Wichtig ist das Einhalten der Kommandokette: dass er zunächst das OK der Regie einholt und dann mit Kameramann und Aufnahmeleiter redet, bevor er dem Rest der Crew irgendwelche Anweisungen gibt.

### 2. Kontrolle

Der Visual Effects Supervisor ist neben Regisseur und Kameracrew die einzige Person, der durch die Kamera blicken *muss*. Diesen Sonderstatus darf er aber nicht ausnutzen. Er sollte nur durch die Kamera schauen, um die Einstellung der geplanten Effekte zu überprüfen. Dabei sollte die Arbeit der Kameracrew nicht gestört werden.

Der Supervisor ist außerdem dafür verantwortlich, dass die jeweiligen Storyboards bei Aufnahme einer Effekteinstellung als Referenz berücksichtigt werden. Hier entstehen oft die meisten Probleme. Gesetzt den Fall, der Regisseur, der in der Vorvisualisierungsphase so kooperativ war, stellt sich auf einmal als wahres Improvisationstalent heraus und wirft die gesamte Planung über den Haufen. Oder ein namhafter Schauspieler macht kreative Vorschläge, wie die betreffende Einstellung noch ›effektiver‹ gedreht werden könnte. Da helfen nur Fingerspitzengefühl und Einfühlungsvermögen, um den Betreffenden in wenigen höflichen, aber deutlichen Worten die Konsequenzen klarzumachen, die eine Abweichung zur Folge hätte. Außerdem muss der Herstellungsleiter auf eventuelle zusätzliche Kosten hingewiesen werden. Kompromissbereitschaft ist stets dann angebracht, wenn Änderungen dem Ergebnis helfen und einfachere, aber wirksamere Lösungen gefunden werden können.

### 3. Kompromisse

Filme drehen heißt, ständig Kompromisse zu schließen, besonders beim Effektdreh. Dafür gibt es viele Gründe: Wetter, Motivänderungen, mangelhaftes oder fehlendes Equipment, Requisite, Kostüm, Personal usw. – es ist fast unmöglich, alle relevanten Faktoren vorher zu berücksichtigen. Für viele macht gerade dieser Umstand den Reiz des Filmens aus. Jeder Film ist wie ein Abenteuer. Man sollte sich aber nicht zu schnell auf einen Kompromiss einlassen, wenn dieser aus fachlicher Sicht nicht unbedingt notwendig ist.

## VFX-Drehprotokoll

Zu den Hauptaufgaben des Visual Effects Supervisors am Set zählt die Auflistung und Erfassung vfx-spezifischer Informationen (*VFX Notes, On Set notes*) zu den einzelnen Elementen oder Plates. Bei effektreichen Produktionen kümmert sich ein Assistent des Supervisors um die Datenerfassung, damit dieser sich vollständig auf die jeweiligen Einstellungen konzentrieren kann.

Das Layout eines VFX-Drehprotokolls ist abhängig von Art und Menge der zu erfassenden Daten, die wiederum abhängig ist von der Komplexität der Einstellung und der weiteren Bearbeitung. VFX-Protokolle für Plates, in die in der Postproduktion digitale Objekte eingefügt werden sollen, sind bezüglich der Informationen umfangreicher als Protokolle für separat aufgenommene SFX-Elemente. Nachfolgend eine Liste mit den wichtigsten Informationen, die in einem VFX-Drehprotokoll enthalten sein sollten.

*Kopfteil:*
- Produktionstitel
- Produktionsfirma
- Name des Visual Effects Supervisors
- (Name desjenigen, der das VFX-Protokoll erstellt hat)
- VFX# – Visual Effect Nr.
- Szenennummer
- Datum

*Generelle Informationen zur Plate bzw. zum Element:*
- Klappe
- Einstellungsgröße (Totale, Halbtotale etc.)
- Ort (Innen/ Außen)

- Zeit (Tag, Nacht, Dämmerung etc.)

*Informationen zur Kamera:*
- Kameratyp
- Position (unbewegt, bewegt, Motion Control usw.)
- Filmmaterial
- Format (16mm, 35mm usf.)
- Seitenverhältnis: 16:9, 1:1.66, 1:1,85, 1:2.35 usw.
- bps (Bilder pro Sekunde, auch *fps/ frames per second*): 24, 25, 96 (bei Modelldreh) usw.
- Verschluss
- Objektiv
- Brennweite
- Blende
- Neigungswinkel
- Höhe der Kamera vom Boden bis zum Brennpunkt
- Filtervorsätze

*Informationen zur Lichtsituation:*
- Bei Außendreharbeiten: Sonnenposition sowie Wettersituation (sonnig, bewölkt usw.)
- Erstellen eines Lichtplans inkl. der verwendeten Lichtquellen, genaue Positionen sowie Filter

*Sonstiges:*
- Erstellen eines Setplans (Draufsicht) mit Kamera-Standort, Positionen von Personen, Dekorationen und Requisiten und deren Entfernung von der Kamera (in Metern)
- Platz für Notizen einplanen
- Falls Rücksprache mit einzelnen Teammitgliedern erforderlich, die Namen des Kernteams am Drehort notieren, z.B. Regie, Kamera, Kameraassistent, Aufnahmeleiter, Script/ Continuity usw.
- Storyboards bei Bedarf in Kopie einfügen

Der Supervisor ist auch verantwortlich für das Platzieren von Trackingpunkten im Bildausschnitt, das Ausmessen des gesamten Sets und der Aufnahme von Lichtreferenzen (Grauball und/ oder Chromball) für später in das Bild eingefügte CG-Objekte – was wiederum von den besonderen Anforderungen einer Effekteinstellung abhängig ist. Dass für jede Plate bzw. jedes Element eine Farb- und Grautafel aufgenommen wird, versteht sich von selbst.

Der Abschluss der Dreharbeiten markiert den Beginn der Postproduktion. Hier wird sich nun im Hinblick auf die digitale Effektbearbeitung zeigen, welche Qualität das aufgenommene Ausgangsmaterial hat. Alle Änderungen, Kompromisse und natürlich auch Fehler, die während der Dreharbeiten gemacht wurden, wirken sich hier aus.

# Die Effekt-Postproduktion

Wenn die Dreharbeiten zu einem Film- oder Fernsehprojekt abgeschlossen sind, beginnt eine Phase, in der normalerweise sehr viel weniger Personen mit der weiteren Arbeit an der Produktion beschäftigt sind. Es wird so lange an dem Produkt gefeilt, bis es vorführfertig ist (oder bis man annimmt, dass man es unter gegebenen Umständen einem Publikum vorführen kann): Einstellungen werden ausgemustert und die guten aneinander gefügt. Roh- und Feinschnitt bestimmen den Rhythmus des fertigen Films und treiben die Geschichte voran. Die Musik soll das Tempo eines Films takten und emotional überhöhen. Musik, Sprache, Geräusche werden gemischt. In der Vergangenheit spielten Filmeffekte, insbesondere in deutschsprachigen, realitätsnahen Produktionen, eine eher untergeordnete Rolle: Blenden, Titel waren Aufgabe des Kopierwerks. Der digitalen Nachbearbeitung wird zukünftig ein größerer Stellenwert eingeräumt. In dem Augenblick, in dem Tools zur Verfügung stehen, setzt man sie auch ein. Das war schon so, als sich in Frankreich die Nouvelle Vague durchsetzte. Sie wurde von den jungen Autorenfilmern adaptiert, weil die technischen Mittel plötzlich so leicht, handlich und damit studiounabhängig waren, dass man billig arbeiten konnte. Das hatte Auswirkungen auf den Film-Stil. Nicht anders ist es mit dem digitalen Kino. Die hier zur Verfügung stehenden Mittel inspirieren Autoren und Regisseure, neue, auch andere Dinge zu tun. Mitunter entstehen Produktionen, die man als effektreich beschreiben kann, die in Sequenzen oder in toto nur mit Effekten erzählt werden können. Für solche Filme ist eine professionell organisierte Postproduktion natürlich essentiell, weil die Effektsequenzen entscheidend für die Wirkung des Films beim Publikum sind.
Bei amerikanischen Produktionen ist es normal, dass ein *Post-Production Supervisor* oder *Post-Production Coordinator* mit der Planung und Überwachung der Postproduktion beauftragt wird, während leider in Deutschland das Missmanagement vorherrscht. Einer der Gründe ist sicher, dass Filme, die eine breite Postproduktion erfordern, in Deutschland bisher eher die Seltenheit waren. Einige größere Produktionshäuser haben immerhin die Zeichen der Zeit erkannt und feste Post-Production Supervisors angestellt. Auffallend ist, dass viele Filmschaffende instinktiv die Vorteile der digitalen Postproduktion nach außen vertreten, aber keiner so richtig zu wissen scheint, wie sie funktioniert – insbesondere was den Bereich der digitalen Bearbeitung angeht.
Der Visual Effects Supervisor ist hauptsächlich mit der Überwachung der Endfertigung von Effekten beschäftigt. Er ist üblicherweise der einzige, der sich von Anfang an mit der Planung und Realisation der Effekte beschäftigt hat. Sowohl Regisseur als auch Produzent, sofern sie sich überhaupt mit dieser Thematik auskennen, sind während der Postproduktion zeitlich nicht in der Lage, den Fortgang der Effektbearbeitung zu

kontrollieren. Kameraleute trifft man leider kaum noch in der Postproduktion an, lediglich zur Abnahme der Farbkorrekturen (*color corrections*). Glücklicherweise haben viele Visual Effects Supervisors Kameraerfahrung, was die Abwesenheit des Kameramanns kompensiert und eine Abstimmung mit den Aufnahmen des ersten Drehstabs erleichtert.

Die Aufgabe eines Post-Production Supervisors besteht hauptsächlich darin, alle nötigen Arbeitsschritte innerhalb der Postproduktion eines Projekts zu ordnen, eine Reihenfolge, einen genauen Zeitplan (*Post-Production schedule*) für die einzelnen Schritte festzulegen und ihren Ablauf zu überwachen und zu koordinieren. In einer effektreichen Produktion muss er die Besonderheiten bei der Bearbeitung von visuellen Spezialeffekten in seiner Planung mit berücksichtigen. Dabei bespricht er sich mit dem Visual Effects Supervisor, um ein optimales Timing für Materialanlieferung und Fertigstellung der einzelnen Einstellungen inklusive aller eventuell benötigten Zwischenschritte wie z.B. Animatics oder Vorkombinationen (*Precomps*) sowie die Ablieferung der fertigen Effekteinstellungen zu gewährleisten.

Dies ist die Theorie, und jeder, der mit dem Chaos einer Filmproduktion zu tun hat, weiß, dass der Idealfall nie erreicht wird. Schließlich handelt es sich weitgehend um ein amerikanisches Arbeitssystem, das mit der deutschen Filmherstellung bisher noch nicht fest verknüpft ist. Im Übergangsstadium vom analogen zum digitalen Kino prallen oft zwei Welten aufeinander, deren Arbeitsweise verschieden ist. Die Symbiose ist noch nicht gefunden. Aufgrund des meist geringen bis durchschnittlichen Effektvolumens deutscher Film- und Fernsehproduktionen und wegen des ohnehin niedrigen Gesamtbudgets verzichten Produktionsfirmen nicht selten auf einen Visual Effects Supervisor und erst recht auf einen Post-Production Supervisor in der Hoffnung, dass andere Teammitglieder, etwa der Kameramann, nötige Vorkehrungen treffen werden. Die Koordination der Postproduktion wird dem Herstellungs- bzw. Produktionsleiter aufgebürdet. Ihm aber mangelt es häufig an Zeit und nötigem Fachwissen. Zum Schluss muss sich die beauftragte Effektfirma meist selbst um das benötigte Material kümmern. Hier aber beißt sich die Katze in den Schwanz, denn oft wird diese Firma – erst *nach* Drehschluss – mit der Fertigstellung beauftragt und kann in die Aufnahme der Plates etc. nicht mehr eingreifen. Fehler, die während der Aufnahmen gemacht wurden, lassen sich kaum noch beheben. Cutter und Kopierwerk sind mit den speziellen Anforderungen nicht wenig überlastet – Fehler schleichen sich ein, die z.T. erhebliche Verzögerungen mit sich bringen. Um die verlorene Zeit zu kompensieren, muss die zuständige Effektfirma mehr Personal und Technik aufbieten oder sogar einzelne Einstellungen extern vergeben, was wiederum höhere Kosten zur Folge hat.

Dies alles kann vermieden werden, wenn man sich an einige Grundregeln hält.

Im Allgemeinen lässt sich festhalten, dass zusätzlich benötigte Zeit, z.B. für Dreharbeiten oder Schnitt, meist zu Lasten der Effekt-Postproduktion geht. Verlorene Produktionszeit muss wieder aufgeholt werden. Die Bearbeitungszeit für Effekte wird gekürzt, da der Abgabetermin der fertigen Produktion meistens nicht verschoben werden kann. Verständlich, dass genau hier Konflikte zwischen Produktionsfirmen und Effektanbietern entstehen. Wenn ein Effektdienstleister mit einer Produktionsfirma

An- und Ablieferungstermine von Ausgangsmaterial bzw. fertigen Effekteinstellungen bei Produktionsbeginn vertraglich festgelegt hat, wirken sich Verzögerungen entsprechend nachteilig auf die Deadline aus. Doch in der Praxis wird dieses arithmetisch einfache Prinzip selten umgesetzt. Die Ablieferung der fertigen Produktion z.B. an eine Sendeanstalt duldet oft keinen Aufschub. Und ausgerechnet in der Hektik der letzten Produktionsphase wird dann der Effektfirma jeder Lieferverzug angelastet.

Nicht selten werden vor Produktionsbeginn abgesprochene Effektbudgets – auch diese nur geschätzt – nach Abschluss der Dreharbeiten gekürzt, wenn man festgestellt hat, dass andere Kosten höher als erwartet zu Buche schlagen. Manchmal fallen bereits geplante und für den Fortlauf der Handlung wichtige Effekteinstellungen dem Rotstift zum Opfer.

Der Film wird geschnitten und noch einmal umgeschnitten, bis man das Fehlen solcher Sequenzen nicht mehr »bemerkt«. Selbst in Hollywoods Superproduktionen kann Derartiges geschehen. In dem *Cleopatra*-Film der Fox wollte man auf den Schauwert der beiden wichtigsten Tricksequenzen verzichten: den Brand der Bibliothek von Alexandria und die Seeschlacht von Aktium. Studiochef Darryl Zanuck entschied schließlich gegen diese Lösung.

Nur durch präzise Kalkulation und Planung schon in der Vorproduktion, durch Kommunikation zwischen den einzelnen Abteilungen sowie Organisation und Kontrolle durch Fachkräfte kann die Effekt-Postproduktion für alle Beteiligten zu einem erfolgreichen Abschluss führen. Entscheidend ist hier das Verhältnis zur Montage.

Bei vielen Filmeffekten ist der Schnitt äußerst wichtig. Werden hier Kompromisse oder Fehler gemacht, ist z.B. eine im Trick zu realisierende Schnittfolge nicht richtig getimt oder sogar falsch geschnitten, geht das immer zu Lasten der Illusion. Das erste Problem ist logistischer Natur. Es lässt sich allein durch gute Kommunikation lösen. Fast immer steht man – gerade bei internationalen Produktionen – vor dem Problem, dass zwischen Schnitt und Effektbearbeitung größere Entfernungen liegen. Ohne einen schnellen und organisierten Daten- bzw. Informationsaustausch, besonders für die Abnahme von Zwischenschritten, muss mit erheblichen Verzögerungen gerechnet werden (etwa bei transatlantischen Koproduktionen). Internet oder Satellit, über die sich auch große Datenmengen transportieren lassen, sind nach wie vor sehr teuer – bringen aber den Vorteil, dass Transportzeiten für Videotapes oder Datenträger entfallen. Deshalb sollte man auf jeden Fall die Kosten für eine leistungsfähige Datenverbindung mit den Kosten für Transporte, Bandmaterial und Produktionszeit vergleichen.

## Der Schnitt

Für viele Filmemacher beginnt erst mit dem Schnitt die wahrhaft kreative Phase der Filmherstellung. Bekannte Filmregisseure wie David Lean haben als Cutter begonnen. Schnitt oder besser die Montage ist grundsätzlich das, was den Film über das Theater hinaushebt. Ursprünglich geht es um die Selektion und Zusammenstellung von separatem Bild- und Tonmaterial zu einem Ganzen. Durch harte Schnitte oder weiche Blenden realisiert man die Verbindung zwischen zwei bzw. mehreren unterschiedlichen Einstellungen mit Hilfe von optischen Sprüngen.

Insbesondere Stunts und Effekte können durch Schnitt an Wirkung gewinnen oder verlieren. Hier basiert der Schnitt auf dem Mittel der Choreographie. Nicht selten wird der Eindruck, die Qualität der Illusion und eben der Rhythmus der Choreographie durch zu lange Einstellungen oder falsche Schnitte zerstört. Ein Effekt sollte nur so lange für den Zuschauer sichtbar sein, wie es die Glaubwürdigkeit der Illusion verträgt. Das ist meist eine Sache von wenigen Sekunden. Aber sechs Sekunden sind auf der Leinwand schon eine vergleichsweise »lange« Zeit. Albert Whitlock, der große Matte Artist, hat sie einmal ausgezählt: 1 … 2 … 3 … 4 … 5 … 6. In dem Augenblick aber, in welchem ein Matte Shot 10 und mehr Sekunden zu sehen ist, bemerkt der ohnehin immer *sophistiziertere* Zuschauer, dass etwas nicht stimmt. Produzenten scheuen häufig das Geld für eine große Trickeinstellung, die nur kurze Zeit dauert – und vergessen, wie wichtig sie für das Unterbewusstsein des Zuschauers ist, um den Rahmen eines visuell bedeutenden Films zu determinieren. Establishing Shots sollten ein größeres Umfeld festhalten als einen Hauseingang, mit dem ein Berlinfilm signalisiert: Das sieht so aus wie in den zwanziger Jahren. In *The Sting (Der Clou)* zeigte Whitlock Trickeinstellungen vom Chicago der dreißiger Jahre. Wie kurz auch immer, sie haben der Stimmung des Films gut getan. Feste Regeln gibt es nicht. Wenn der Effekt gelungen ist und sich nahtlos in eine Szene einfügt, ist die Länge der Effekteinstellung eher sekundär. In den Horrorfilmen der dreißiger Jahre musste man, um die Zensur nicht auf den Plan zu rufen, auf sichtbare Gewalt und blutige Metzeleien verzichten und hat sie durch geschickte Schnitte und Einstellungen nur angedeutet. Der eigentliche Horror spielte sich im Kopf der Zuschauer ab. Heute ist das genaue Gegenteil dieser ›Weniger-ist-mehr‹-Technik eher die Regel: Nicht eine, nein ein Dutzend Actionszenen jagen die häufig dürftige Story von einem zum nächsten Höhepunkt. *Ein* Wagenrennen reicht längst nicht mehr aus.

Beim klassischen Filmschnitt wird zunächst ein Rohschnitt mit einer Arbeitskopie erstellt, danach folgt der Feinschnitt und anschließend der *Final Cut* (finale Schnitt) des Filmnegativs anhand der vorliegenden Arbeitskopie. Einzelne Filmstücke werden vom Cutter auf die gewünschte Länge geschnitten und mit anderen Filmstücken montiert. Längst ist dieser Arbeitsvorgang ausschließlich elektronisch, denn auch Filmmaterial lässt sich elektronisch schneiden, wenn dieses vorher auf Video überspielt wurde. Doch ist auch der EB-Schnitt noch linear.

## Linearer Schnitt

Unter *linearem Schnitt* verstehen wir einen Schnittvorgang mit Bildmaterial, das sich nur in der auf dem Videotape (Ausgangsmaterial) vorliegenden Reihenfolge abrufen lässt. Für die Materialauswahl müssen Videotapes an die gewünschte Stelle gespult werden, die Suche nach dem benötigten Material ist oft sehr zeitaufwendig. Außerdem ist dieser Schnittvorgang recht unflexibel, wenn später Änderungen – etwa durch Einfügen von Einstellungen in bereits geschnittenes Material – vorgenommen werden müssen.

Revolutioniert wurde die Postproduktion durch den *non-linearen Schnitt.* Hier liegt das Ausgangsmaterial nicht auf Videotapes vor, sondern befindet sich in digitaler Form auf Festplatten oder anderen Speichermedien. Das Aufnahmemedium ist ebenfalls eine Festplatte. So ist man nicht an die Reihenfolge des vorliegenden Ausgangsmaterials gebunden und kann beim Schnitt Material frei wählen. Der so genannte zufallsbestimmte Echtzeitzugriff *(real-time random-access)* auf jedes Einzelbild bedeutet einen enormen Zeitvorteil gegenüber dem linearen Schnitt.

Der Begriff non-linearer Schnitt wird häufig mit Off-line-Schnittsystemen in Verbindung gebracht, die mit komprimierten Bildern arbeiten. Non-lineare On-line-Schnittsysteme sind mittlerweile ebenfalls erhältlich.

## Off-line-Schnitt *(off-line editing)*

Damit sind relativ kostengünstige digitale Schnittplätze gemeint, die mit komprimiertem Bildmaterial arbeiten. Üblicherweise wird hier der Roh- und Feinschnitt inklusive einer *EDL (Edit Decision List)* hergestellt. Diese Daten sind dann die Vorgabe für den On-line- oder Negativschnitt. Die meisten Off-line-Systeme sind in der Lage, neben harten Schnitten auch Auf-, Ab- und Überblendungen zu realisieren. Einige bieten sogar die Möglichkeit einfacher Farbkorrekturen und Effekte wie z.B. Keying, die üblicherweise dem On-line-Schnitt vorbehalten sind. So lässt sich kostbare Zeit an teueren On-line-Schnittplätzen sparen.

## EDL *(Edit Decision List)*

ist eine von einem Schnittsystem erzeugte Liste von Timecodes (In/ Out) einzelner Szenen oder des gesamten Beitrags, die oft auf einer 3,5 Zoll-Diskette gespeichert wird. EDLs können während einer Off-line-Sitzung produziert und anschließend an den On-line-Schnittplatz oder Negativschnitt weitergegeben werden, um den finalen Schnitt herstellen zu können.

## On-line-Schnitt *(On-line editing)*

Hier wird der komplette finale (Video-) Schnitt in voller Auflösung produziert. Gute Vorbereitung an einem Off-line-Schnittplatz kann helfen, eine Menge Zeit und Geld beim On-line-Schnitt zu sparen.

## Timecode

ist ein Zählsystem in Form von aufeinander folgenden Nummern (Stunden, Minuten, Sekunden, Bilder), mit dem man die Position auf einem Videoband ermitteln kann. Der LTC (Longitudinal Time Code) kann abgelesen werden, wenn das Videoband sich vorwärts oder rückwärts bewegt, nicht aber bei einem Standbild. Dagegen lässt sich der so genannte VITC (Vertical Interval Time Code) auch bei Standbildern ablesen, jedoch nicht, wenn das Band vorwärts oder rückwärts gespult wird. Timecodes erleichtern die Synchronisation von Videobändern, Film und Tonbändern beim Schnitt.

Für die Effektbearbeitung kann Off-line geschnittenes und komprimiertes Material lediglich als Ansichtsreferenz oder maximal für grobe Vorkombinationen benutzt werden. Abhängig vom jeweiligen Produktionsformat (35mm-Kinofilm oder TV-Movie) wird das Ausgangs- bzw. Rohmaterial für die Effektbearbeitung in der entsprechenden Auflösung, z.B. 2K oder 4K Filmscans bei 35mm Film oder Digital Betacam bei TV benötigt.

Was während des Rohschnitts ersatzweise für die (in der Effekt-Postproduktion) fertigzustellenden Einstellungen in den Schnitt eingefügt wird, hängt ab vom Know-how des Cutters, von der Komplexität einer Einstellung, von den vorliegenden Materialien und schließlich von den Anforderungen einer Effektfirma an den Schnitt. Möglich ist,

– dass die entsprechenden Stellen im Film schwarz bleiben (evt. mit kurzer Beschreibung der Trickeinstellung und der VFX#)
– das Einfügen von Storyboards
– das Einfügen der sogenannten ›Hero‹ Plate, der Hauptplate der Trickeinstellung
– das Einfügen von vorproduzierten Animatics oder sogar bereits während der Dreharbeiten fertig gestellten Komplettrickeinstellungen, für deren Realisation keine real gedrehten Plates oder Elemente benötigt wurden (z.B. Raumschiffe)
– das Einfügen einer vom Cutter angefertigten einfachen Vorkombination (*Precomposite*), die aus mehreren Plates bzw. Elementen bestehen kann.

Bei internationalen Serien und Kinofilmen werden oft spezielle Visual Effects Cutter eingesetzt, deren Hauptaufgabe der Schnitt von effektreichen Filmsequenzen ist. Daneben produzieren sie auch Vorkombinationen, die den ausführenden Effektfirmen als Referenz dienen. Bei Projekten mit komplizierten und/ oder quantitativ anspruchsvollen Einstellungen ist es ratsam, als erstes die VFX-Sequenzen zu schneiden, damit Anschlüsse und Längen in etwa feststehen. Dann kann das entsprechende Ausgangsmaterial selektiert und frühzeitig weitergegeben werden. So lässt sich die Postproduktionszeit geschickter nutzen.

Fast immer wird bis zuletzt geschnitten. Nicht selten schneidet man aus unterschiedlichen Gründen auch bereits fertig gestellte Effekte wieder heraus. Von ursprünglich rund 120 für Ridley Scotts *Gladiator* produzierten Effekteinstellungen sind in der endgültigen Fassung nur etwa neunzig übrig geblieben. Bei durchschnittlichen Kosten von etwa $ 75.000 (inkl. Dreharbeiten und Nachbearbeitung) in Amerika pro Trickeinstellung erhält man eine Summe, mit der man unter deutschen Produktionsbedingungen gleich mehrere Filme finanzieren könnte.

## Die Vorbereitung der Ausgangsmaterialien

Bei den Ausgangsmaterialien, die einer Effektfirma für die Bearbeitung der Trickeinstellungen zur Verfügung gestellt werden, unterscheidet man generell zwischen Referenz- und Rohmaterial. Referenzmaterial (z.B. ein datenkomprimierter Roh- oder Feinschnitt) dient lediglich als Ansichtsmaterial und wird im Regelfall nicht bearbeitet, da es nicht in der entsprechenden Auflösung vorliegt. Rohmaterial dagegen ist das Ausgangsmaterial für die Effektbearbeitung. Dabei kann es sich je nach Projekt um Bild- bzw. Datenmaterial in voller TV- oder Kino-Auflösung handeln.

In den Schnittfassungen, die eine Effektfirma als Referenzmaterial erhält, sollte in jedem Fall der laufende Timecode (bei Kinospielfilmen auch die Randnummern) sowie die jeweilige VFX# im Bild eingeblendet sein (*burn-in VFX#/ Key numbers/ Timecode*). Das erleichtert nicht nur die Identifikation der Einstellungen und die Erstellung eines *Scanning-Plans* für die Effektbearbeitung von Kinospielfilmen, sondern auch die Kommunikation mit der Abteilung Schnitt. Zwei Begriffe werden hier immer wieder genannt:

## Keycode
ist ein maschinenlesbarer Strichcode, der auf einem Filmnegativstreifen ganz am Rand außerhalb der Perforationslöcher aufgedruckt ist. Er beinhaltet z.B. Randnummern und Herstellercode.

## Randnummern (*edge numbers/ key numbers*)
bezeichnen aufeinander folgende Nummern, die am Filmstreifenrand in Fuß-Intervallen (= ca. 30,479 cm) erscheinen und die Identifikation jedes einzelnen Filmbilds ermöglichen. Während der Herstellung des Negativmaterials werden die Randnummern bereits auf den Filmstreifen belichtet. Sie finden sich später auch auf den Mustern bzw. Arbeitskopien wieder, wenn sie durchkopiert werden.

Für die digitale Effektbearbeitung von Kinospielfilmen muss das Rohmaterial (i.d.R. das originale Filmnegativ, in manchen Fällen aber auch ein Dup-Positiv) hochauflösend digitalisiert, d.h. in eine für den Computer lesbare Form gebracht werden (= Filmscanning, siehe dazu auch »Digitale Effekte«). Hierbei wird aus Kostengründen (Scanning eines einzelnen Filmbilds je nach Auflösung ca. € 1,30 bis € 3,60) nicht das gesamte Filmmaterial gescannt, sondern nur die Bereiche, die im Schnitt verwendet wurden. In den USA ist man bei manchen Produktionen dazu übergegangen, das gesamte vorliegende Negativmaterial zu scannen, um den größtmöglichen Freiraum für die anschließende digitale Postproduktion zu gewährleisten. Ein *Scanning-Plan* ist eine Auflistung der zu digitalisierenden Filmstücke einer Trickeinstellung in Form der entsprechenden Randnummern (IN und OUT) der benötigten Elemente bzw. Plates. Dabei muss man sehr sorgfältig vorgehen. Stellt man bei einer Effektbearbeitung fest, dass ein Element zu kurz gescannt wurde, kann man nicht einfach die fehlenden Bilder nachscannen, sondern muss das gesamte Filmstück neu scannen. Deshalb plant man aus Sicherheitsgründen einen sogenannten *Handle* mit ein. Das ist ein aus ca. 5 bis maximal 24 Einzelbildern bestehender ›Sicherheitspuffer‹ jeweils am Beginn und Ende eines zu scannenden Elements. Der Handle sowie die Tatsache, dass die Länge des zu digitalisierenden Materials meistens aufgrund eines Rohschnitts ermittelt wurde, reicht in der Regel aus, um einem teuren *Rescan* eines Elements bzw. einer Plate vorzubeugen.

Die einzelnen Filmstücke werden auf einer oder mehreren speziellen Scanrollen zusammengeschnitten. Dabei dürfen die einzelnen Takes des Originalnegativs auf keinen Fall zerschnitten werden, sondern die *kompletten* Takes (von Kamerastop bis Kamerastop) werden aneinander montiert – die zu scannenden Bereiche eines Takes lassen sich später anhand des Plans genau ermitteln.

Das Filmnegativ muss wie ein »rohes Ei« behandelt werden. Jeder Kratzer oder Fussel auf dem Material erscheint später auch auf dem digitalisierten Film. Einige Firmen reinigen vor dem Scanvorgang das Filmmaterial mit Hilfe von Ultraschall.

Das folgende Beispiel eines Scanning-Plans beinhaltet zusätzlich zu den Randnummern Informationen, die für das Scanning und die spätere Bearbeitung der Elemente wichtig sind. Dazu zählen:

- VFX# (Visual-Effect-Nummer): Zieht sich wie ein roter Faden durch die gesamte Effektbearbeitung. Die nach dem Scannen als digitale Daten vorliegenden Elemente müssen für die Bearbeitung ohne langes Suchen lokalisiert werden können. Es ist daher wichtig, die Daten mit den enstprechenden VFX-Nummern und Element-Nummern oder Buchstaben zu benennen.
- GBZ: Gesamt-Bild-Zahl der Einstellung. Länge der gesamten Einstellung in Einzelbildern.
- EBZ: Element-Bild-Zahl. Anzahl der zu scannenden Einzelbilder jedes Elements.
- Element: Es handelt sich um eine Bezeichnung für jedes Element einer Effekteinstellung. Je nach Bedarf kann es sich um Buchstaben oder Zahlenkombinationen handeln. 001A (oder 001.01) ist demnach der Filename für das erste Element (Harry) von VFX# 001.
- Beschreibung: kurze Beschreibung des jeweiligen Elements. Dient zur zusätzlichen Überprüfung des Bildinhalts.
- Scanrolle: Nummer der jeweiligen Rolle, auf der sich das zu scannende Material befindet.
- Erste und letzte Randnummer incl. Handle: die zwischen diesen beiden Nummern liegenden Einzelbilder müssen einschließlich der ersten und letzten Nummer gescannt werden. Bei dem hier angegebenen Handle von fünf Bildern ist demnach zu beachten, dass jedes sechste Bild der fertig bearbeiteten Effekteinstellung dem ersten Bild im Schnitt entspricht. VFX# 001 wäre danach (im Schnitt) exakt 158 Bilder lang (GBZ 168 minus 10 Bilder Handle = 158 Bilder).

| VFX# | GBZ | EBZ | Element | Beschreibung | Scanrolle | Erste Randnr. (incl. 5 Bilder Handle) | Letzte Randnr. (incl. 5 Bilder Handle) |
|---|---|---|---|---|---|---|---|
| 001 | 168 | | | | | | |
| | | 168 | A | Harry | 5 | FN 72 2625 3246+03 | FN 72 2625 3256+10 |
| | | 309 | B | Leerer Hintergr. | 5 | FN 72 2625 3285+10 | FN 72 2625 3304+14 |
| | | 1 | C | Referenz | 5 | FN 72 2625 3308+00 | |
| | | 1 | D | Keks (4K) | 5 | FN 72 2625 3388+05 | |
| | | 169 | E | Keks | 5 | FN 72 2625 3383+03 | FN 72 2625 3393+11 |
| Total: | **168** | **648** | | | | | |
| | | | | | | | |
| 002 | 137 | | | | | | |
| | | 137 | A-1 | Halskette | 6 | FN 72 5934 8567+04 | FN 72 5934 8575+12 |
| | | 104 | A-2 | Halskette | 6 | FN 72 5934 8575+12 | FN 72 5934 8582+03 |
| | | 16 | B | Hintergrund | 6 | FN 72 5934 8598+00 | FN 72 5934 8598+15 |
| Total: | **137** | **257** | | | | | |
| | | | | | | | |
| 003 | 1050 | | | | | | |
| | | 775 | A | Zauberstab | 6 | FN 72 9240 8197+05 | FN 72 9240 8245+11 |
| | | 431 | B | Tom im Bett | 7 | FN 72 1477 5077+00 | FN 72 1477 5103+13 |
| Total: | **1050** | **1206** | | | | | |
| | | | | | | | |
| 005 | 112 | | | | | | |
| | | 62 | A-1 | Ast | 1 | FN 72 8236 1188+10 | FN 72 8236 1192+07 |
| | | 74 | A-2 | Ast | 1 | FN 72 8236 1236+00 | FN 72 8236 1240+09 |
| | | 1 | B | Graukarte | 1 | FN 72 8236 1260+09 | FN 72 8236 1260+09 |
| Total: | **112** | **137** | | | | | |
| | | | | | | | |
| 007 | 79 | | | | | | |
| | | 1 | A | Referenz | 3 | FN 72 4321 2906+00 | FN 72 4321 2906+00 |
| | | 16 | B | Leerer Hintergr. | 3 | FN 72 4321 2915+00 | FN 72 4321 2915+15 |
| | | 79 | C | Tom | 3 | FN 72 4321 2935+00 | FN 72 4321 2939+14 |
| | | 65 | E | Bluescreen Mia | 3 | FN 72 4321 3094+03 | FN 72 4321 3098+03 |
| | | 1 | F-1 | Graukarte | 3 | FN 72 4321 3183+08 | FN 72 4321 3183+08 |
| | | 1 | F-2 | Leerer Bluescr. | 3 | FN 72 4321 3180+12 | FN 72 4321 3180+12 |
| Total: | **79** | **163** | | | | | |
| | | | | | | | |
| 008 | 67 | | | | | | |
| | | 67 | B | Hintergrund | 6 | FN 72 1478 4860+00 | FN 72 1478 4864+02 |
| | | 1 | A | Referenz | 8 | FN 51 1556 3056+01 | |
| | | 67 | D | Hintergrund | 8 | FN 51 1556 3261+00 | FN 51 1556 3265+02 |
| | | 67 | B-2 | Bluescreen Tom | 8 | FN 51 1556 3099+00 | FN 51 1556 3103+02 |
| | | 1 | E-1 | Leerer Bluescr. | 8 | FN 51 1556 3273+00 | |
| | | 1 | E-2 | Graukarte | 8 | FN 51 9777 7049+00 | |
| | | 67 | C | Bluescreen Mia | 8 | FN 51 1556 3250+03 | FN 51 1556 3254+05 |
| Total: | **67** | **204** | | | | | |
| | | | | | | | |
| 010 | 109 | | | | | | |
| | | 16 | B | Hintergrund | 6 | FN 72 1478 5180+00 | FN 72 1478 5180+15 |
| | | 1 | A | Referenz | 8 | | |
| | | 109 | B-2 | Bluescreen Tom | 8 | FN 51 9777 7126+03 | FN 51 9777 7132+15 |
| | | 109 | C | Bluescreen Tom | 8 | FN 51 9777 7137+12 | FN 51 9777 7144+08 |
| | | 109 | D | Hintergrund | 8 | FN 51 9777 7166+00 | FN 51 9777 7172+12 |
| | | 1 | E-1 | Graukarte | 8 | FN 51 9777 7153+00 | |
| | | 1 | E-2 | Leerer Bluescr. | 8 | FN 51 9777 7158+00 | |
| Total: | **109** | **330** | | | | | |

Nur wenige Effektfirmen in Deutschland bieten Scanning (und die spätere Ausbelichtung) als In-house-Leistung an. Die Anschaffungskosten für die notwendige Technik sind sehr hoch. Daher rechnen sich Scanning und Ausbelichtung erst ab einem bestimmten Auftragsvolumen. Unklar ist in vielen Fällen, wessen Aufgabe die Erstellung des Scanning-Plans eigentlich ist – die der Produktionsfirma oder die des Effektdienstleisters. Theoretisch kann man einen Scanning-Plan über eine EDL (aus dem Schnitt) erstellen, da dem Filmmaterial bei der Abtastung ein Timecode beigegeben wurde, dem sich so auch die entsprechende Randnummer zuordnen lässt. Die meisten Schwierigkeiten bereitet allerdings die Selektion des benötigten Materials bei Einstellungen mit mehreren Plates bzw. Elementen zzgl. Referenzen wie Grau- und Farbtafeln, Bluescreen-Referenzen usw. Daher ist es sinnvoll, wenn sich der jeweilige Cutter bzw. Cutterassistent in enger Zusammenarbeit mit der Effektfirma um die Erstellung des Scanning-Plans kümmert, um mögliche Probleme – fehlendes, unvollständiges oder falsch gescanntes Material – von vornherein auszuschließen.

In den meisten Fällen ist das Ausgangsmaterial für die digitale Effektbearbeitung von TV-Produktionen der datenkomprimierte Off-line-Schnitt (Referenzmaterial) und vom Filmmaterial abgetastetes digitales Videomaterial (z.B. Digital-Betacam oder D1) in voller TV-Auflösung (Rohmaterial).

Wenn der Auftraggeber zusätzlich zum Masterband ein geschnittenes Negativ verlangt, wird das vorliegende Filmmaterial zunächst auf Betacam-SP abgetastet und Off-line geschnitten. Die EDL aus dem Off-line-Schnitt ist die Grundlage für den Negativschnitt. Das fertig geschnittene Negativ wird anschließend abgetastet (meistens auf Digital-Betacam oder D1) und liegt dann als Rohmaterial vor. Zusätzliche Elemente oder Plates, die nicht im geschnittenen Negativ vorhanden sind, aber für die Effektbearbeitung benötigt werden, müssen separat abgetastet werden. Sollten zeitliche Engpässe auftauchen, kann das entsprechende Rohmaterial auch vor dem Negativschnitt abgetastet und der Effektfirma zur Verfügung gestellt werden.

Für Produktionen, die kein geschnittenes Negativ benötigen, tastet man das Filmmaterial sofort in voller TV-Auflösung, z.B. auf Digital-Betacam ab. Nach dem Off-line-Schnitt der betreffenden Szenen kann das zu bearbeitende Rohmaterial direkt an die Effektfirma übergeben werden.

## Bearbeitung der Effekteinstellungen

Nachdem die Produktionsgesellschaft Referenz- und Rohmaterialien an die beauftragte Firma geliefert hat, kann dort mit der Bearbeitung begonnen werden. Sämtliche zu einer Effekteinstellung notwendigen Informationen wie Storyboards, VFX Notes, Time Codes etc. werden von einem firmeninternen Projektleiter zusammengestellt und an die Fachleute (*Modeler, Animatoren, Compositing Artists, Technical Directors*) weitergegeben. Jedes Effekthaus hat ein eigenes Shot-Verteilungs- und Kontrollsystem, das speziell auf die internen Bedürfnisse bzw. die besonderen Anforderungen an Personal und Technik abgestimmt ist. Dabei spielen Qualifikation, Kreativität und Erfahrung der Mitarbeiter eine größere Rolle als die gesamte Hard- und Softwareausstattung eines Unternehmens.

Im finalen Produktionsabschnitt erweist sich, ob die Effekte adäquat vorbereitet, die benötigten Elemente oder Plates plangemäß aufgenommen wurden und ob die vom Supervisor während der Dreharbeiten angefertigten VFX Notes ausreichend sind. Je weniger Fehler und Probleme in den vorhergehenden Produktionsabschnitten entstanden sind, desto reibungsloser verläuft die Effektbearbeitung.

*Für den Auftraggeber ist letztlich nur entscheidend, dass*
a)  die für die Ausführung kalkulierte Zeit mit der tatsächlich zur Verfügung stehenden Produktionszeit übereinstimmt, um termingerecht zu liefern und
b)  die fertigen Einstellungen das versprochene Qualitätsniveau erreichen.

Beide Punkte setzen natürlich voraus, dass das Referenz- bzw. Rohmaterial in der erforderlichen Qualität vorliegt und pünktlich angeliefert wurde.

Üblicherweise geht das Material bei größeren Projekten nicht auf einmal ein, sondern wird in mehreren Schüben geliefert. Unter solchen Umständen ist eine exakte Zeitplanung etwa im Hinblick auf Abnahme von Zwischenergebnissen oder fertigen Einstellungen innerhalb der Postproduktionszeit (für Effekte) sehr schwierig.

Die Summe aller Begleitumstände und Risikofaktoren fordert das Organisationstalent und die Erfahrung des jeweiligen Projektleiters. Er hat primär dafür zu sorgen, dass sein Team die Produktionszeit optimal nutzt. Darüber hinaus muss er auf diverse andere Faktoren achten:

–  die Anschlüsse (*Continuity*) zwischen den einzelnen Einstellungen: Bei der vollen Konzentration auf die zu bearbeitende Einstellung werden erfahrungsgemäß gerade Anschlüsse vernachlässigt. Der Projektleiter leitet die Mitglieder seines Teams an, sich die Referenzmaterialien (Rohschnitt usw.) möglichst häufig zur Kontrolle der Anschlüsse anzusehen.
–  der generelle Arbeitsfluss: Verzögerungen und Unterbrechungen bei Materialanlieferung, Vorbereitung und Verteilung sind zu vermeiden. Bereits im Vorfeld bekannte technische Probleme oder Engpässe müssen frühzeitig beseitigt werden. Sollten technische Probleme auftreten, ist für schnelle Reparatur oder Ersatz zu sorgen. Wichtig: bei umfangreichen Projekten mit längerfristiger Bearbeitung (z.B. TV-Serien) ist die Urlaubsplanung der Mitarbeiter zu berücksichtigen. Zu lange Arbeitsphasen und zu wenig Erholung – »ausgebrannte« und demotivierte Teammitglieder helfen dem Projekt wenig – können die Effektqualität negativ beeinflussen.
–  die Förderung der Kommunikation zwischen den einzelnen Teammitgliedern – dazu gehört das gemeinsame Sichten von Zwischenergebnissen mit anschließender Diskussion.
–  Einhaltung der vorgegebenen Zeitpläne: Häufig dauert die Bearbeitung bestimmter Einstellungen länger als geplant, während andere weniger Zeit benötigen. Der Projektleiter muss ständig über den aktuellen Stand informiert sein, damit er bei Bedarf auf zusätzliche personelle oder technische Ressourcen zurückgreifen kann.

- eine übersichtliche Beschriftung, Ordnung und Lagerung der eingehenden Materialien sowie der Zwischenergebnisse (*work in progress*) und fertigen Effekteinstellungen (*final shots*).

Entscheidend sind letztlich die sichtbaren Ergebnisse und das Geld, das dafür ausgegeben werden muss/ kann. Erst der Synergieeffekt aus durchdachter Planung, Kalkulation, Dreharbeiten und Postproduktion bringt ein stimmiges Preis-Leistungsverhältnis.

## Abnahme von Arbeitsschritten und fertigen Einstellungen

Schon bei der Planung und Kalkulation komplexer visueller Effekte ist zu berücksichtigen, dass man für deren Fertigstellung in den meisten Fällen mehr als nur einen Versuch benötigt. Daher spielt das Thema »Abnahme« gerade bei der Planung der Effekt-Postproduktion eine große Rolle. Sind die Abnahmen von Zwischenschritten und fertigen Effekteinstellungen nicht gut genug organisiert, verliert man unweigerlich Zeit, insbesondere dann, wenn die mit Abnahmen beauftragten Personen für die Effektfirma nicht ständig ansprechbar sind. Generell gestalten sich die Projekt-Abnahmen mit großen räumlichen Distanzen zwischen Effektfirma und übriger Postproduktion (Schnitt etc.) als schwierig. Für die Regie ist es nicht immer möglich, den Fortgang der Effektbearbeitung persönlich zu überwachen. So ruht die Verantwortung der Effekt-Postproduktion auf den Schultern des Visual Effects Supervisors, sofern die Produktion seine Anstellung für ratsam hielt. Er fungiert als verlängerter Arm des Regisseurs und kann sich z.b. einige Zeit vor Ort bei der Effektfirma aufhalten, um das bis dahin fertig gestellte Material als Zwischenergebnis und zur Abstimmung der weiteren Arbeit vorzulegen. Änderungswünsche oder Verbesserungsvorschläge leitet der Supervisor unverzüglich an die Effektfirma weiter. Es ist auch möglich, dass der Regisseur an bestimmten, vorher festgelegten Terminen vor Ort die Zwischenergebnisse oder fertigen Einstellungen – gemeinsam mit dem Supervisor – abnimmt. Nur bei einem gut organisierten Abnahmesystem, das aus mehreren Schritten bestehen kann, werden Regie und Supervisor mit der Effektfirma in ständigem Kontakt (Telefon, Fax, Internet – z.B. im Fall einer Koproduktion) stehen. Letzteres trifft zu, wenn die Effektfirma im Fall einer Koproduktion im Ausland operiert. Prinzipiell ist es immer besser, wenn der Visual Effects Supervisor sich persönlich bei der Effektfirma um den weitgehend reibungslosen Verlauf der Arbeiten kümmert. Je weniger Personen von Produktionsseite bei der Abnahme auf die Effektfirma einwirken, desto besser. Im Produktionsalltag passiert es häufig, dass eine Gruppe von Personen, darunter sogar produktionsfremde, zu Abnahmeterminen bei einer Effektfirma erscheint. Unabhängig von der Qualifikation und dem Abstraktionsvermögen, das ausschlaggebend ist, um *work in progress* zu beurteilen, werden Kommentare abgegeben, »Verbesserungs«-vorschläge gemacht, ästhetische Konzepte von Aufnahmen verändert. Es kostet doch nur einen Knopfdruck ... Dass die ausführenden Mitarbeiter einer Dienstleistungsfirma durch ein solches Auftreten verunsichert werden, ist mehr als klar. Dies wiederum kann Zeit- und Qualitätsverlust sowie Continuity-Probleme zur Folge haben.

In manchen Produktionen kommt erschwerend hinzu, dass zu Beginn der Postproduktion für bestimmte Effekte noch kein Design vorliegt. Was andere Abteilungen (z.b. Produktionsentwurf oder Regie) im Rahmen der Vorproduktion aus verschiedenen Gründen (Zeitmangel oder auch Mangel an Kreativität) versäumt haben, muss während der Effekt-Postproduktion nachgeholt werden. Alle Hoffnungen ruhen dann auf dieser Firma, die unter meist extremem Zeitdruck nicht nur saubere Composites zusammenstellen, sondern auch beiläufig das kleine Wunder eines ästhetischen Konzepts vollbringen soll. Leider hat auch die Werbung einiger großer internationaler Effekthäuser und Software-Anbieter dazu beigetragen. Manche Regisseure verlassen sich im Vorfeld einer Produktion komplett auf die angeblich so grenzenlos vielfältigen Bildmanipulationsmöglichkeiten des Computers, der zum universalen Problemlöser wird. Der Animation- oder Compositing-Artist wird gar nicht erst als kreative Persönlichkeit wahrgenommen und so zum ›Knöpfchendrücker‹ degradiert. Abnahmen gestalten sich im Allgemeinen als schwierig und zeitaufwendig. Schlimmstenfalls kommt es in letzter Minute noch zu Streitigkeiten, was den endgültigen und optimalen ›Look‹ eines Effekts angeht.

Um Missverständnissen vorzubeugen, sollten Produktionsgesellschaft, Supervisor und Effektfirma vor Produktionsbeginn vertraglich festhalten, wer für die Abnahmen verantwortlich ist. Im Regelfall ist dies, einvernehmlich mit der Regie, der Visual Effects Supervisor.

Der eigentliche Abnahmeprozess teilt sich in zwei Bereiche, deren Grenzen in der Produktionsrealität oft fließend sind:

### a) Technische Abnahme

Die technische Abnahme steht immer im Zusammenhang mit der Qualität der Ausgangsmaterialien. Hierbei wird die Bildqualität in Bezug auf Helligkeit, Schärfe, Kontrast, Farbwerte, Bildrauschen (*Noise*) oder Bildfehler (*Dropouts*) bewertet. Die Beurteilung der technischen Qualität von Bildkombinationen (*Composites*) – aus mehreren Elementen bzw. Plates bestehend – gehört ebenso dazu.

### b) Künstlerische Abnahme

Bei der künstlerischen Abnahme wird die gesamte Bildkomposition unter ästhetischen Gesichtspunkten betrachtet. Die für die Abnahme verantwortliche Person steht im günstigsten Falle stellvertretend für ein großes Publikum und sollte die Glaubwürdigkeit eines Effekts beurteilen. Besonders schwierig ist die Abnahme, wenn in einer Einstellung reale Objekte oder Lebewesen synthetisch imitiert werden. Die Einschätzung der Qualität von Miniaturen oder digital erzeugten Modellen im Vergleich zu ihren realen Konterparts findet meistens unter subjektiven Gesichtspunkten statt. Was für den einen »echt« aussieht, funktioniert für den anderen überhaupt nicht. Künstlerische Abnahmen können sich daher sehr lange hinziehen. Eine unzureichende Planung oder Fehler, die bei Aufnahme der Elemente bzw. Plates gemacht wurden, erschweren die Abnahme zusätzlich.

Es stellt sich die Frage, welche Arbeits- bzw. Abnahmeschritte (Abnahme von Modellen, Animatics, Vorkombinationen oder finalen Kombinationen) für spezifische Effekt-einstellungen sinnvoll und nötig sind. Retuschen von Sicherungsseilen bzw. Haltevor-richtungen bei Stunts (*Rig*- oder *Wire-removals*) sowie einfache Bildkombinationen aus zwei Elementen (z.b. ein Bluescreen- und ein Hintergrundelement) können in einem Durchgang fertig gestellt und abgenommen werden. Wenn man digital erzeugte Ob-jekte mit Realaufnahmen kombiniert, sind oft mehrere Abnahmeschritte nötig, damit nach der letzten Sitzung nicht der gesamte Arbeitsprozess wiederholt werden muss. *Die Abnahmeschritte für digitale Objekte könnten im Einzelnen so aussehen:*

- Abnahme des fertig modellierten und texturierten digitalen Objekts
- Abnahme von Animatics. Hierbei wird ein extrem datenreduziertes Modell des digitalen Objekts animiert und provisorisch in die ebenfalls datenreduzierte Real-aufnahme eingefügt. So lassen sich Größe, Positionierung und Bewegung des digi-talen Objekts in der Realaufnahme beurteilen, ohne ständig in der hohen Bildauf-lösung arbeiten zu müssen. Das spart viel Zeit und Rechenkapazität.
- Abnahme von Vorkombinationen (*Precomposites* oder *Temp-Composites*) in redu-zierter Bildauflösung zur Beurteilung der Beleuchtung und der harmonischen Inte-gration eines digitalen Objekts in die Realszenerie (*Matching*). Die reduzierte Auf-lösung hilft wieder Zeit und Rechenkapazität zu sparen.
- Abnahme von Einzelbildern (*Stills*) in voller Bildauflösung. Nicht unbedingt erfor-derlich, wird aber zum Teil bei sehr komplexen Effekteinstellungen als zusätzlicher Abnahmeschritt und sicherheitshalber angewendet und
- Abnahme der fertigen Kombination.

Bei vielen digitalen Compositing-Systemen ist die Echtzeit-Wiedergabe einer fertig bearbeiteten Einstellung in voller (Kino-)Auflösung am Computermonitor – aufgrund der zu geringen Prozessorleistung und Speicherkapazität des verwendeten Rechners – nicht realisierbar. Deshalb müssen digitale Effekte für Kinofilme erst auf Film ausbelich-tet und dann bei einer Mustervorführung »final« abgenommen werden. Selbst wenn eine Darstellung mit der vollen Kinoauflösung am Monitor möglich ist, kann man die Abnahme kaum am – im Vergleich zur Leinwand bescheidenen – Monitorbild durch-führen.

Mitunter sind zwei bis drei separate Ausbelichtungen für eine digital bearbeitete Ein-stellung notwendig, um zu einem optimalen Ergebnis zu gelangen. Bestimmte Details fallen verständlicherweise erst auf der großen Leinwand auf. Für Scotts *Gladiator* wur-den drei Ausbelichtungen pro Einstellung kalkuliert. Im Ganzen hat man aber für die meisten Einstellungen vier Durchgänge benötigt, bevor der Shot »final« abgenommen war. Weil die Ausbelichtung (natürlich auch abhängig vom Volumen) recht kosten-intensiv ist (ein Einzelbild in 2K-Auflösung ca. € 2,– bis € 3,–), wird bei deutschen Produktionen oft nur ein Durchgang kalkuliert, was zu Lasten der Qualität geht.

Abnahmen sollten immer schriftlich dokumentiert werden (am besten mit den Unter-schriften von Regie und Supervisor), damit sich die einzelnen Schritte präzise zurück-verfolgen lassen. Immer wieder kommt es vor, dass verunsicherte Regisseure ihre Meinung über eines Effekt-Ausführung kurz vor Arbeitsende ändern. In Torschlusspanik werden Wünsche geäußert, die mit dem gedrehten Material und/ oder innerhalb der zur Verfügung stehenden Zeit nicht mehr realisierbar sind. In solchen Fällen bedarf es eines gewissen psychologischen Fingerspitzengefühls der Projektkoordinatoren, um Deadline und Budget zu halten. Am Ende liegt es natürlich im Ermessen der Produktion (und nicht des Dienstleisters), ob man »Sonderwünschen« nachkommt oder einen für beide Seiten akzeptablen Kompromiss schließt. Wenn eine Effektfirma Abnahmen nicht ausreichend dokumentiert hat, entstehen leicht Missverständnisse.

Kehren wir abschließend noch einmal zu unseren fiktiven Produktionsbeispielen aus der Planung und Kalkulation zurück: zum Science-Fiction-Projekt *Galaxxion*, dem historischen Stoff *Unter den Linden* (Zweiter Weltkrieg) und dem Terroristendrama *Hetzjagd*, einem actionreichen Gegenwartsfilm.

Für die Herstellung der *Galaxxion*-Effekte werden keine real aufgenommenen Elemente oder Plates benötigt, da es sich um Kompletttrickeinstellungen (*Full CGI Shots*) handelt. Sobald der Auftrag an eine Effektfirma vergeben ist, kann mit dem Modeling der Raumschiffe auf Grundlage des Produktionsdesigns begonnen werden. Dieser Arbeitsschritt kann parallel zu den Dreharbeiten stattfinden. Zwischenergebnisse werden dem Supervisor und der Regie regelmäßig zur Abnahme präsentiert.

Es kann vorkommen, dass das Design während des Modelingprozesses in Absprache mit dem Supervisor und der Regie verändert wird, um die Computermodelle im Hinblick auf ihren späteren Einsatzbereich zu optimieren. Modelle für den Hinter- bzw. Mittelgrund müssen nicht sehr detailliert sein. Je ausgefeilter ein Modell ist, umso mehr Zeit benötigt der Computer später für die Einzelbildberechnung. Die Kunst bei der digitalen Bildbearbeitung besteht darin, die Daten so zu reduzieren, dass trotzdem noch ein quasi-realistischer Eindruck bleibt. Was uns in der Vorführung als Vogelschwarm suggeriert wird, besteht in ›Wirklichkeit‹ aus digitalen Primitivmodellen, die, mit einfachen Oberflächen ausgestattet und vogelähnlich animiert, nur aus der Entfernung wie ein realistischer Vogelschwarm aussehen (nach dem gleichen Prinzip arbeiten auch die Matte Artists).

Von den fertig modellierten und texturierten digitalen Raumschiffen für *Galaxxion* werden verschiedene Ansichten »gerendert« (z.T. Standbilder, auch ›Drehtelleranimationen‹) und anschließend dem Supervisor sowie der Regie zur »finalen Modellabnahme« vorgelegt. Oft erstellen die Computeranimatoren (auch *Animation Artists*) während der Modelingphase schon kurze Testanimationen mit den digital konstruierten Objekten, um die Modelle in Bewegung zu überprüfen und sich mit ihnen vertraut zu machen. Testanimationen bzw. Testrenderings/ Testcompositings helfen außerdem, die ›Schokoladenseiten‹ von Objekten bezüglich Ausleuchtung zu erkennen und zu nutzen, damit sie später besonders wirkungsvoll eingesetzt werden können.

Welche Techniken im Einzelnen für das digitale Modeling und Texturing der Raumschiffmodelle in Frage kommen, ist abhängig von der Software. Entscheidend für den finalen Einstellungs-Look sind außerdem Rendering und Compositing.

Um den Prozess zu verkürzen, können Animatics auch schon (auf Grundlage der Storyboards) mit simplen, digitalen ›Stand-ins‹ der Hauptmodelle in der Modelingphase hergestellt werden. Überschneidet sich das Modeling, bedingt durch Komplexität der Modelle oder generell wegen einer späten Auftragserteilung, mit dem Beginn der Postproduktion, ist es sinnvoll, Animatics mit ›Stand-in-Modellen‹ in den Rohschnitt aufzu-nehmen. In der Science-Fiction-Serie LEXX: *The Dark Zone* wurde neben Animatics teilweise auch mit Videomatics gearbeitet, um den Animatoren sowie dem Schnitt ausreichende Referenzen für die Trickeinstellungen zu liefern.

Grundvoraussetzung für eine gute Trickbearbeitung – im vorliegenden Fall einer uto-pischen TV-Serie – ist eine straffe Organisation der gesamten Postproduktion. Abhän-gig von der Anzahl der Episoden, ihrer Länge sowie dem Ausstrahlungstermin ver-bleibt für die Bearbeitung der Effekte ein Zeitraum von durchschnittlich 10 bis 20 Arbeitstagen pro Folge: eine im Vergleich mit der Postproduktion von TV-Movies und Spielfilmen äußerst bescheidene Zeitspanne. Erschwerend (oder erleichternd) kommt hinzu, dass die einzelnen Episoden unterschiedlich hohe (oder niedrige) Effektanteile haben. Die Projektauslastungsskurve der beauftragten Effektfirma verläuft demnach nicht linear, sondern schwankt zum Teil erheblich. Auf Phasen extremer Arbeitstätig-keit, in denen oft nur mit äußerstem Druck Termine gehalten werden können, folgen Zeiten geringerer Auslastung. Dies muss der Projektleiter bei der Personal- und Technik-disposition schon im Vorfeld berücksichtigen, damit es bei der Bearbeitung nicht zu Verzögerungen kommt.

Eine optimale Nutzung der Vorbereitungszeit zahlt sich stets in der Effekt-Post-produktion aus. Allerdings gilt auch hier: der Idealfall wird nie erreicht. Häufig wird während der Dreharbeiten einzelner Folgen noch an den Büchern anderer Episoden gebastelt. Es ist daher kaum möglich, sich bei Produktionsbeginn einen genauen Über-blick über die zu erwartenden Trickarbeiten einer kompletten Serienstaffel zu ver-schaffen. Lediglich die Synopsen der einzelnen Episoden geben im Ansatz Aufschluss, welches Effektvolumen zu erwarten ist. Wenn ein Projekt wie *Galaxxion* in Serie geht und auf einem homogenen Design basiert, kann man davon ausgehen, dass die für den Pilotfilm gebauten Raumschiffe, Environments und Effekte in den späteren Episoden wieder verwendet werden. Nicht selten werden ganze Teile und komplette Trickein-stellungen aus Zeit- und Budgetgründen ›recycelt‹. Für andere Serien mit wechselnden Locations (*X-FILES* u.Ä..) müssen Effekte allerdings für jede Episode komplett neu ge-staltet werden.

Nachdem die Animatics in den Schnitt eingefügt und auf Anschlüsse kontrolliert wor-den sind, kann, so weit keine weiteren Änderungen vorgenommen werden, mit der finalen Bearbeitung der Einstellungen begonnen werden. Dafür bekommt die Effekt-firma vom Schnitt ein Referenzband mit den eingeschnittenen Animatics und/ oder eine Liste mit genauen Angaben, wie die entsprechenden Animatics im Schnitt ver-wendet wurden. Die präzisen Längenangaben sind wichtig, damit keine überflüssigen Bilder berechnet und die Prozessoren nicht unnötig belastet werden. Hilfreich bei der genauen Ermittlung des ersten und letzten Kaders der geschnittenen Animatics ist ein im Bild eingeblendeter *Framecount* (fortlaufende Nummerierung der Einzelbilder), der während der Animatics-Herstellung seitens der Effektfirma eingefügt wird. Mitunter existieren von einer Einstellung mehrere Animatic-Versionen. Damit keine Verwirrung entsteht, sollten die verschiedenen Fassungen mit eindeutigen VFX-Nummern verse-hen sein, die ebenfalls im Bild eingeblendet sind (*burned-in VFX#*).

Im Produktionsalltag gehen die Animatics stufenlos in die Herstellung der finalen Einstellungen über. Zum frühestmöglichen Zeitpunkt werden Render- und Compositingtests gefahren, um Ästhetik und Look festzulegen. Die fertigen Einstellungen werden dann Supervisor und Regie in voller TV-Auflösung auf digitalem Videoband (Digital Betacam oder D1) zur Endabnahme vorgelegt. Bei einer Effektbearbeitung, in deren Verlauf sinnvolle Zwischenabnahmen in ausreichender Zahl stattgefunden haben, ist diese Endabnahme meist nur noch Formsache.

Die großen amerikanischen Effektfirmen, etwa Industrial Light & Magic oder Digital Domain, funktionieren arbeitsteilig: Modeling, Texturing, Animation, Tracking und Compositing sind streng voneinander getrennt. Nur die Supervisoren jeder Abteilung und ihre *Technical Directors* arbeiten bereichsübergreifend. Ähnlich einem künstlerischen Fließbandprinzip, wie es Disney eingeführt hat, soll auf diese Weise effizienter gearbeitet und ein Know-how-Transfer vermieden werden. So kann es vorkommen, dass Mitarbeiter über Jahre nichts anderes tun, als Wireframes für Modelle zu erstellen. In Deutschland sind die Effektfirmen meist zu klein, um Arbeitsprozesse derart zu gliedern. Ein *Computer Graphic Artist,* der in einem deutschen Unternehmen arbeitet und mit verschiedenen künstlerischen sowie technischen Aufgaben befasst ist, hat deshalb größere Entfaltungsmöglichkeiten.

Es ist logisch, dass das Projekt *Unter den Linden* andere Anforderungen an die Effekt-Postproduktion stellt als *Galaxxion*. Schon Planung und Kalkulation für diesen zeitgeschichtlichen Stoff sind sehr umfangreich. Zur Verdeutlichung zwei Einstellungen: die Totale des Brandenburger Tors einschließlich einer Szenerie der Zerstörung (VFX 05.03 des Breakdown) und Over Shoulder-Einstellung mit dem Protagonisten Paul, der an seinem zerbombten Haus aufschaut und Jagdmaschinen über sich hinwegdonnern sieht (VFX 05.04).

Wir setzen voraus, dass die Dreharbeiten der benötigten Plates und Elemente für beide Einstellungen weitgehend nach Plan verlaufen sind, auch das Wetter hat »mitgespielt« (Regen im Motiv hätte die Effektbearbeitung stark kompliziert).

Das Effekthaus entschließt sich zunächst, von beiden Einstellungen Layouts in Videoauflösung anzufertigen. Dazu erhält sie von der Produktion die Abtastung aller aufgenommenen Plates und Elemente auf Betacam SP. Timecode sowie Randnummern wurden bei der Abtastung in das Bildmaterial eingeblendet. In Absprache mit Produktion und Regie werden zuerst die *Hero Plates* (= 1$^{st}$ Unit Plates) geschnitten, um die genauen Längen zu haben. So kann die Effektfirma frühzeitig mit Material versorgt werden und die Postproduktionszeit lässt sich besser nutzen.

Bei der Herstellung von Effektlayouts mittels Video (in geringer Auflösung) ist klar, dass alle Arbeitsschritte später mit dem hochauflösend gescannten Film- bzw. Fotomaterial komplett wiederholt werden müssen. Derartige *Low Res Layouts* dienen primär dazu, die einzelnen Elemente sowie ihre Position im Bild zu definieren und ihre Längen festzulegen, damit kein unnötiges Material gescannt wird. Im Fall von VFX 05.03 wählt die Effektfirma einen ca. 8-10 Sekunden langen Abschnitt aus einem Take des Hauptmotivs (1$^{st}$ Unit) einschließlich der im Bild positionierten Bluescreens als Grundlage für das Effektlayout (die gesamte Einstellung ist später ca. 5 Sekunden lang).

Mit Hilfe einer Keying-Software werden die Bluescreen-Bildanteile (Personen oder andere bewegte Objekte, die sich mit dem zu ergänzenden Bildteil überschneiden) grob separiert. Die größeren, statischen Objekte, hinter denen sich kein Bluescreen befand, werden wie geplant digital ausgeschnitten (rotoskopiert). Somit erhält man zunächst eine klare Trennlinie zwischen realem und noch zu ergänzendem Bildteil. Nun wird das historische Fotomaterial, welches vom Art Department zur Verfügung gestellt wurde, mit der Realaufnahme kombiniert. Dabei muss die korrekte Darstellung der Perspektiven und des Lichteinfalls besonders beachtet werden. Dann wird das Layout zum ersten Mal der Regie und dem Supervisor vorgelegt. Bei dieser ersten Abnahme geht es primär um Größe, Auswahl und Positionierung der aus dem Fotomaterial separierten und mit der Realplate kombinierten Gebäude. Außerdem wird über den Einsatz zusätzlicher Rauch- und Feuerelemente sowie der Bluescreen-Puppen im Hintergrund gesprochen. Der Originalhimmel vom Drehtag der 1$^{st}$ Unit, der eigentlich ersetzt werden sollte, gefällt der Regie aufgrund der dramatischen Lichtstimmung so gut, dass er bleibt. Allerdings müssen einige in den Himmel ragende Strommasten und Dächer retuschiert werden, die höher sind als die im Compositing eingefügten historischen Gebäude und Ruinen.

Die nächste Abnahme des Layouts mit Feuer- und Rauchelementen sowie mehreren zusätzlich in den Hintergrund eingefügten Statisten (*re-use*: sie sind ursprünglich nur für VFX# 05.01 separat vor Bluescreen aufgenommen worden) wird mit wenigen Änderungen gebilligt. Das Hauptcompositing ist der Anfang. Im Schnitt wurde inzwischen auch festgelegt, welcher Teil der Hero Plate für das Compositing verwendet werden soll. Um gemeinsam den Scanning-Plan zu erstellen, setzen sich Effektfirma und Cutter zusammen, die anhand vorliegender Randnummern der Einzelelemente (Feuer- und Rauchelemente sowie separate Bluescreen-Statisten) exakt den Ein- und Ausstieg der jeweiligen Takes bestimmen.

Bei VFX# 05.04 handelt es sich um eine Bildkombination, die aus real aufgenommenen Elementen (Paul vor Bluescreen, Feuer- und Rauchelemente, Himmel) und digital konstruierten Objekten (Haus, Jagdmaschinen) besteht. Ähnlich wie im Fall der Raumschiffmodelle in *Galaxxion* kann mit dem Modeling des Gebäudes und der Jagdflugzeuge (es wird nur ein Flugzeug modelliert, da es sich bei den dreien um den gleichen Typ handelt und diese sich leicht duplizieren lassen) angefangen werden, sobald aussagekräftige Designs und genügend Fotoreferenzmaterial vorliegen. Im Animatic erscheinen anstelle des Gebäudes und der Flugzeuge wiederum einfache digitale ›Stand-ins‹, die Größe, Positionierung und Bewegung der digitalen Objekte festlegen. Sobald diese Parameter festliegen, weiß man, wie detailgenau Haus- und Flugzeugmodelle konstruiert werden müssen. Der Bildaufbau wurde – im Vergleich zum ursprünglichen Storyboard – während der Dreharbeiten leicht verändert, für den Zuschauer einfach interessanter gemacht. Der Supervisor hat in Absprache mit Produktion und Effektfirma den Änderungen zugestimmt, nachdem eventuell anfallende Mehrkosten grob überschlagen wurden. Bei einem Seitenverhältnis von 1:2.35 fällt jede Veränderung des Kamerastandpunkts gravierender aus als bei einem Seitenverhältnis von 4:3.

Da bei der Aufnahme der Bluescreen-Plate von Paul die Kamera nach oben schwenkte, muss die Bewegung digital getrackt werden, um Haus und Flugzeuge (natürlich auch den statisch aufgenommenen Himmel und die Feuer- bzw. Rauchelemente) der realen Bewegung anzupassen. Dazu hat der Supervisor Trackingpunkte auf festen Stativen im Bildausschnitt positioniert (manchmal werden Trackingpunkte beim Außendreh auf Bluescreens befestigt, was nichts nützt, wenn sich der blaue Schirm im Wind bewegt!). Für die Animatic-Fassung wird das abgetastete Filmmaterial auf Betacam-SP nur grob vorgetrackt. Solange nicht klar ist, welcher Take im Schnitt verwendet wird, sollte man hier nicht zu viel Arbeit aufwenden.

Nachdem die Einstellungen hochauflösend gescannt sind und als Datenmaterial vorliegen, fängt die letzte Phase der Trickbearbeitung an. Dabei dienen die abgenommenen Layouts der Shots als Referenz für das finale Compositing. Während dieser Bearbeitungsphase sind ebenfalls ausreichende Abnahmen einzuplanen.

Nach Endabnahme der Effekteinstellungen am Computermonitor erfolgt die Ausbelichtung auf 35mm-Film. Bei den meisten deutschen Kinofilmproduktionen wird aus Kostengründen nur eine Ausbelichtung eingeplant, wogegen in amerikanischen zwei bis vier Durchgänge keine Seltenheit sind. Auch wird dort häufig in einem viel früheren Bearbeitungsstadium zum ersten Mal ausbelichtet, um eventuell auftretende Probleme in Bezug auf Auflösung der Einzelelemente, Farbigkeit, Bildkomposition, Anschlüsse oder Artefakte auf der großen Leinwand zu überprüfen (z.B. Verschmutzungen oder zu entfernende Objekte, etwa Stative, die auf dem kleinen Monitorbild nicht aufgefallen sind). Diese Testausbelichtungen zahlen sich aus und helfen bei der Feinabstimmung der Bildkomposition. So kann aus einem guten ein perfektes Compositing werden. Wenn dann die fertige Trickeinstellung auf Film vorliegt, können im Kopierwerk weitere Farbkorrekturen und Angleichungen vorgenommen werden.

Das Beispiel *Unter den Linden* zeigt, wie wichtig selbst noch in der Effekt-Postproduktion eine Vorvisualisierung ist. Wer selbst miterlebt hat, dass einmal fertig gestellte, komplexe Effekteinstellungen wieder und wieder auf Wunsch der Produktion oder Regie verändert werden müssen, weiß, welchen Stellenwert gut dokumentierte Zwischenabnahmen haben. So werden Missverständnisse vermieden.

Beim dritten Beispiel *Hetzjagd* – wir erinnern uns – stand bei Produktionsbeginn noch nicht fest, ob es nur eine Fernsehauswertung oder einen Kinofilm gibt. Beide Varianten sind von der Effektfirma kalkuliert worden. Eine Bearbeitung in Kinoauflösung ist inklusive Scanning und Ausbelichtung um 50 Prozent teurer als eine in TV-Auflösung. Die Entscheidung für oder gegen eine Kinoauswertung kann erst während der Postproduktion fallen. Wenn sich so etwas abzeichnet, ist es sinnvoll, die Effekte, von vornherein in Kinoauflösung zu bearbeiten, die mehr als nur fernsehtauglich sind. Hier wird das fertig ausbelichtete Negativ auf Videoband abgetastet, oder es werden hochauflösende Bilddaten parallel zur Ausbelichtung heruntergerechnet und auf Videoband ausgespielt. Hat man sich allerdings für eine TV-Bearbeitung entschieden, und am Ende soll doch eine Kinoauswertung anstehen, hat man nur zwei Möglichkeiten: die Effekteinstellungen werden vom Videoband auf Film überspielt (*gefazt*, Einbußen in der Bildqualität sind immer einzukalkulieren) oder noch einmal komplett in Kinoauflösung bearbeitet. Gegen Letzteres spricht meistens der Kostenaufwand.

Gehen wir davon aus, dass eine Kino-Version nicht vorgesehen war. Im Gegensatz zu *Galaxxion* und *Unter den Linden* werden bei *Hetzjagd* ausschließlich real aufgenommene Elemente bzw. Plates verwendet, digital erzeugte Objekte müssen nicht eingefügt werden. Die Bearbeitung gestaltet sich entsprechend einfacher. Der Cutter kann ohne Schwierigkeiten Vorkombinationen herstellen (Animatics werden nicht benötigt) und so das genaue Timing ermitteln. Das Filmmaterial für *Hetzjagd* wurde komplett auf Digital Betacam abgetastet. Die Effektfirma bekam als Referenz die vorgeschnittenen Effektszenen sowie als Rohmaterial die Digital-Betacam-Bänder mit den einzelnen Elementen und eine EDL. Die VFX-Nummern sind mit eingeblendet, um das Auffinden der Effekteinstellungen zu erleichtern.

Ein Spezialist aus dem Effekthaus retuschiert das dünne Stahlseil, das den Stuntman nach hinten zieht, in einem einzigen Durchgang und legt die fertig bearbeitete Einstellung der Regie und dem Supervisor zur Abnahme vor. Gerade in einem Fall wie *Hetzjagd* kann man sehen, dass die Herstellung eindrucksvoller Action-Einstellungen auch mit relativ geringem digitalem Aufwand möglich ist, vorausgesetzt es wurde richtig inszeniert und geschnitten. Man sollte auch immer daran denken, in welcher Art Sound und Musik, die beim digitalen Compositing noch nicht gemischt sind, einen Bildeffekt steigern, aber auch ruinieren können.

Erst im Kino oder auf dem Bildschirm, bei der Vorführung vor einem Publikum, zeigt sich, ob der Effekt die gewünschte Wirkung im Rahmen einer schlau erzählten Filmgeschichte erzielt. Ob er sich überhaupt in die Handlung integriert oder wie ein Fremdkörper in den Ablauf eingestreut ist. Zu den besten Beispielen großartiger, harmonisch zur Handlung verlaufender und nicht übertreibender Effektarbeit gehören *Citizen Kane* von Orson Welles, dem man den Trickreichtum gar nicht anmerkt, und James Camerons *Titanic*. Wo Effekte nicht stilisieren, sondern Realismus abbilden sollen, müssen die Effektmacher sich auskennen: in naturalistischer Lichtgestaltung, Physik, Anatomie usw., doch verführen die Tools, die alles, auch das Unmögliche möglich machen, sehr leicht zur Nachlässigkeit gegenüber den realen Bedingungen. Es gibt Fehler beim Einsatz der Lichtquellen (z.B. zu künstlich), und synthetische Wesen bewegen sich manchmal gegen ihre Anatomie.

Auf dem Weg in eine neue, technisch revolutionierte Welt vergessen wir häufig viele der alten Tugenden und handwerklichen Fähigkeiten und müssen sie uns später neu erfinden.

# Ausblick

In einer sich ständig vergrößernden Bilderwelt wird nicht nur die Halbwertzeit visueller Produkte kürzer und flüchtiger (selbst Blockbuster sind nach nur einem halben Jahr »vergessen«), auch die technische Entwicklung ist in einer Weise beschleunigt, dass all das kommen wird, was sich heute im Ansatz als möglich abzeichnet. Überdies ist das Publikum besser auf Änderungen vorbereitet als noch vor zwanzig Jahren. Spiritus Rector des *electronic cinema* (per DVD oder Satellit) ist Francis Ford Coppola. Sein Protegé George Lucas ist bereits groß eingestiegen. Alle anderen werden folgen. Die Kinoketten haben sich darauf eingestellt, dass sie in »kürzester Frist« ans Netz gehen können. Damit benennen wir einen Zeitraum von drei bis sechs Jahren. Von der ersten Drehbuchfassung, über Dreharbeiten und Postproduktion bis hin zur Auswertung ist der Film dann digitalisiert und so endgültig kompatibel mit der Entwicklung der anderen Trägermedien (Kabel, DVD, Fernsehen).

Man wird alles, was digital erzeugt werden kann, ausprobieren, einschließlich *Vactors*, d.h. synthetischen Akteuren, die womöglich über *Behavior engines* agieren, letztlich wird man sogar die Guckkastenperspektive des Films mit erheblichen Konsequenzen für die Dramaturgie des traditionellen Erzählkinos aufheben. In dem Moment, da wir mit Computerspielen kompatibel sind, können wir Filme in vielerlei Weise *interaktiv* konzipieren. Der Zuschauer wird zum Mitwirkenden.

Wenn das Filmmedium mit dem Traum verwandt ist – darin sind sich die Theoretiker längst einig –, muss man logisch auch die Rolle des Träumenden nachgestalten. Ursprünglich haben wir dies, in Ermangelung einer technischen Möglichkeit, getreu der »Hamburgischen Dramaturgie« von Altmeister Lessing mit der Identifikation, dem Mitleiden und -fühlen mit den Protagonisten versucht. In Zukunft wird es mehr und mehr möglich, das Kameraprinzip des POV (Point-of-view) technisch so zu verinnerlichen, dass der Zuschauer kein Außenstehender mehr und der Ausgang offen ist, subjektiv entscheidbar. Wir dürfen dies nicht als Einschränkung, sondern als Erweiterung unseres narrativen Konzepts begreifen: ein zusätzliches Angebot.

Können wir uns mit dieser Art von Science Fiction (oder besser Science Fact) anfreunden, dann wird uns bewusst, wie sehr die Traummaschine, deren Krücken Film und Fernsehen sind, auf die Ebene des Traums zurückdrängt. Bisher ist der Traum für uns ein durch äußere Eindrücke und inneres Unbewusstes determiniertes »Zufallsprodukt«, das man nicht abspeichern und konservieren kann. Aber man wird traumhafte Bilder steuern können und auf die Ebene des bewussten Erzählens transzendieren. Verfügt hier etwa die Biochemie über Ansätze, Traumbilder in ihren Produkten vorzufertigen und im Schlaf erlebbar zu machen? Film, Fernsehen, Kabel, DVD: sie alle sind Entwicklungen der letzten hundert Jahre. Wieviel mehr mag das neue Millennium bringen? Der Filmschaffende ist in einem Medium tätig, das stets etwas Neues bringen muss, abhängig von dem Trägermedium, auf dem gearbeitet wird. Darum sollte er besser auch Visionär sein. Was man vor einem halben Jahrhundert noch als Phantasterei abtat, gehört längst zum Alltag. Auf den physisch fassbaren Filmstreifen – von manchen noch liebevoll Zelluloid genannt – folgen die virtuellen Erscheinungsformen, die sich des elektronischen Scheins bedienen. Damit sind wir dem unerforschten neuro-sensorischen Mikrokosmos des menschlichen Gehirns als *last frontier* schon sehr nahe. Wir haben erst an der Oberfläche gekratzt, aber die mit uns kratzen, werden immer zahlreicher.

Indem das Filmmedium digital wird, ist seine Verfügbarkeit unter Insidern ebenso gegeben wie unter der großen Schar der Autodidakten. Um aber konkurrenzfähig bleiben zu können, müssen dem Publikum größere Erlebnisse und Sinneseindrücke geboten werden, als dieses mit den zur Verfügung stehenden Tools möglich ist: die Kette der Sensationen wird nicht abreißen, die Leuchtkraft des Feuerwerks atemberaubend sein.

Gibt es etwas aus dem Bereich des herkömmlichen Filmemachens, das wir in die Zukunft mitnehmen können? Unser Qualitäts- und Verantwortungsbewusstsein (der Zauberlehrling, dem die Geister, die er aus Pandoras Büchse rief, zu Erinnyen werden, dies umso mehr nach dem 11. September 2001) – und unsere Fähigkeit, in unvergesslichen Bildern zu erzählen, denn das Erzählenkönnen wird kein Computer abnehmen. Geschichten werden erlebt und narrativ verdichtet. Ein kluger Kopf hat einmal gesagt, die Charakteranimation beispielsweise des Zeichenfilms sei vergleichbar mit einem Ballett, das man synthetisch nicht abbilden kann, wenn man es nicht musikalisch und rhythmisch empfindet. Dieses Talent besitzen nur die künstlerisch Begabten. Es darf nur nicht so weit kommen, dass den Zuschauern in der Bereitstellung der technischen Hilfsmittel die Empfindung für die leiseren, die Zwischen-Töne, ausgetrieben wird.

Wir sollten die Amerikaner nicht immer nachahmen, die bestimmte Genres viel besser bedienen, als wir es je konnten. Wir müssen unsere eigenen Stärken finden, neu erfinden, wieder finden. Unsere kulturelle Identität spielt dabei eine wichtige Rolle, die Effekte sind lediglich Mittel zum Zweck.

# Anhang

*Die folgende Auflistung von Effektanbietern erhebt keinen Anspruch auf Vollständigkeit.*

## Effektanbieter in Deutschland

*Digitale Effekte (inklusive 3D Animation und Compositing) für Film, TV und Werbung*

ARRI TV Produktionsservice GmbH
Türkenstr. 95
80799 München
Tel. 089/ 38 09-15 55
Fax 089/ 38 09-15 49
Homepage: www.arri.de
Referenzprojekte Film und TV: St. Pauli Nacht, Der große Bagarozy, The Calling, All the Queens Men, Mondscheintarif
Referenzprojekte Werbung: McDonalds, Saturn Hansa, S'Oliver, Focus

bibo tv GmbH
Siemensstr. 27
61352 Bad Homburg/ Frankfurt
Tel. 06172/ 170 80
Fax 06172/ 170 8-88
Homepage: www.bibotv.de
Sonstige Tätigkeitsbereiche: Logo-Animation, Video- und Audio-Postproduktion
Referenzprojekte Film und TV: Neverending Story III, Pinocchio, Lost Ships

CA Scanline Production GmbH
Bavariafilmplatz 7
82031 Geiselgasteig
Tel. 089/ 649 84 70
Fax 089/ 64 98 47 11
Homepage: www.scanline.de
Sonstige Tätigkeitsbereiche: Logo- und Titelanimationen, Postproduktion
Referenzprojekte Film und TV: Helicops, Anatomie, Luftpiraten, Erkan & Stefan, Der Schuh des Manitu

Cine Plus Media Service GmbH & Co.KG
Lützowufer 12
10785 Berlin
Tel. 030/ 264 80-100
Fax 030/ 264 80-199
Homepage: www.cine-plus.de
Sonstige Tätigkeitsbereiche: Postproduktion
Referenzprojekte Film und TV:  Sperling und das Krokodil, Helden wie wir,
Sturmzeit
Referenzprojekte Werbung:  Gesicht zeigen

Das Werk digitale Bildbearbeitungs GmbH
Osterwaldstraße 10
80805 München
Tel. 089/ 36 81 48-0
Fax 089/ 36 81 48-111
Homepage: www.das-werk.de
Sonstige Tätigkeitsbereiche: digitale Postproduktion
Referenzprojekte Film und TV: Comedian Harmonists, Lola rennt,
Otto – Der Katastrofenfilm, Enemy at the Gates, Starhunter
Referenzprojekte Werbung: Deutsche Bahn AG, T-ISDN, Mercedes »E-Klasse«,
Jacobs Suchard, Beiersdorf »Nivea«

effectory Filmeffekte GmbH
August-Bebel-Str. 26-53, Haus 8
14482 Potsdam
Tel. 0331/ 721 55 10
Fax 0331/ 721 55 11
Homepage: www.effectory.de
Referenzprojekte Film und TV: LEXX – The Dark Zone,
Die Straßen von Berlin – Abraxox, Kids World, MythQuest, Taking Sides

Pirates 'n Paradise GmbH
Im Mediapark 5
50670 Köln
Tel. 0221/ 95 29 41-0
Fax 0221/ 95 29 41-50
Homepage: www.pirates-www.de
Sonstige Tätigkeitsbereiche: TV-Produktion, TV-Spots, Kinospots
Referenzprojekte Film und TV: Schimanski, Autsch du Fröhliche
Referenzprojekte Werbung: Karstadt, Kabel New Media, Spalt, Parodontax, Pril

Second Unit Services GmbH
Sandstraße 33 Rgb.
80335 München
Tel. 089/ 52 05 67-0
Fax 089/ 52 05 67-77
Homepage: www.secondunit.com
Sonstige Tätigkeitsbereiche: Postproduktion
Referenzprojekte: BMW First Step, Kabel 1 »Die besten Filme aller Zeiten«, Porsche Iceblock, Teekanne 007-Spot, Musikvideo »Nimm mich mit« (Marius Müller-Westernhagen)

Spans & Partner GmbH
Mühlenkamp 59
22303 Hamburg
Tel. 040/ 27 81 88-0
Fax 040/ 27 81 88-88
Homepage: www.spans.de
Sonstige Tätigkeitsbereiche: Postproduktion
Referenzprojekte Film und TV: Missing Link, Joe Fly&Sanchez für IMAX 3D
Referenzprojekte Werbung: Robert T-Online, Mr. Soda-Stream, Eventim.de, Pom-Bär, Premiere World

SZM Studios Film-, TV- und Multimedia-Produktions GmbH
Abteilung Animation/ VFX
Medienallee 7
85774 Unterföhring
Tel. 089/ 95 07-6222
Fax 089/ 95 07-6539
Homepage: www.animation-vfx.com
Sonstige Tätigkeitsbereiche: Virtual Characters, Motion Capture, Virtuelles Studio, Blue Box Studio, Postproduktion
Referenzprojekte Film und TV: Jets – Leben am Limit, Die Feuerläufer, Gletscher Clan, Rendezvous mit dem Teufel, Ratten
Referenzprojekte Werbung: u.a. Lets_buy_it.com, Stabilo, Lintec

TVT Postproduction GmbH
Hamburger Allee 45
60486 Frankfurt
Tel. 069/ 97 95 05-70
Fax 069/ 97 95 05-80
Homepage: www.tvt-postproduction.de
Sonstige Tätigkeitsbereiche: digitale Postproduktion
Referenzprojekte Werbung: Coca-Cola, Chrysler, Marlboro, Ferrero, American Express

Upstart! Filmproduktion Digital Unit
Frankfurter Str. 28
65189 Wiesbaden
Tel. 0611/ 157 97-0
Fax 0611/ 33 35 27
Homepage: www.upstart.de
Sonstige Tätigkeitsbereiche: Editing
Referenzprojekte Film und TV: Die Story von Monty Spinneratz, Operation Noah,
Das Biest vom Bodensee, Frau Zwei sucht Happy End, Heinrich der Säger
Referenzprojekte Werbung: L&M, Marlboro, Tabasco, 1822 Frankfurter Sparkasse,
Genion

VCC Perfect Pictures AG
Doormannsweg 43
20259 Hamburg
Tel. 040/ 43 16 90
Fax 040/ 430 17 89
Homepage: www.vcc.de
Sonstige Tätigkeitsbereiche: Postproduktion, Entwicklung von Computerspielen
Referenzprojekte Film und TV: Deutschlandspiel, Der Zimmerspringbrunnen, Emma,
Siedler IV (Videosequenz für das Computerspiel), Paco, der kleine Condor (3D-
Computeranimations-Kinderserie) Referenzprojekte Werbung: u.a. Daimler-Chrys-
ler, Deutsche Post AG, Telekom

Visual Territory FX
c/o Aquest GmbH
Robert-Bosch-Str. 1
50354 Hürth Efferen
Tel. 02233/ 963 24-0
Fax 02233/ 963 24-99
Homepage: www.vtfx.de
Referenzprojekte Film und TV: Lenya – Kriegerin der Walsungen

Voss TV-Ateliers Gmbh
Special Effects Produktionen für Film und Fernsehen
Königsberger Str. 1
40231 Düsseldorf
Tel. 0211/ 97 38-0
Fax 0211/ 97 38-2 00
Homepage: www.voss-group.de
Sonstige Tätigkeitsbereiche: Postproduktion
Referenzprojekte Film und TV: Der Spezialist, Die Diebin, Der Clown I,
SOS Barracuda II
Referenzprojekte Werbung: Siemens, VW, Deutsche Bank, Lufthansa

4k animation gmbh
Invalidenstraße 115
10115 Berlin
Tel. 030/ 28 09 46 21
Fax 030/ 28 09 46 23
Homepage: www.4k-animation.com
Referenzprojekte Film und TV: LEXX-The Dark Zone Stories, Altair
Referenzprojekte Werbung: Coca Cola


*Kreaturen- und Puppenbau (Creatures/ Puppets/ Animatronic Characters)*

Chris Creatures
Christoph Kunzmann
Handjerystr. 71
12159 Berlin
Tel. 030/ 850 773 92
Fax 030/ 850 773 93
Homepage: www.chriscreatures.com
Sonstige Tätigkeitsbereiche: Design, Spezialmaskeneffekte, Modellbau
Referenzprojekte Film und TV: LEXX – The Dark Zone, Otto – Der Katastrofenfilm,
Das Tal der Schatten (Spezialmaske), Tabaluga TiVi, Siebenstein

Robert Rebele
Werkstatt für Puppen und Spezialeffekte
Welserstr. 15
81373 München
Tel. 089/ 56 56 12
Fax 089/ 56 90 80
Sonstige Tätigkeitsbereiche: Spezialmaskeneffekte
Referenzprojekte Film und TV: Taking Sides, Marlene, Nick Knatterton,
Tabaluga TiVi, Rossini


*Modellbau*

Alexander Friedrich
Movie Miniatures and Props
Potsdamer Str. 93
10785 Berlin
Tel. 0173/ 985 48 83
E-Mail: friedrichstrasse@gmx.de
Referenzprojekte Film und TV: The Patriot, All the Queen's Men,
Otto – Der Katastrofenfilm, Ice Planet, Helicops

Magic FX
Pfälzer-Wald-Str. 65
81539 München
Tel. 089/ 689 32 89
Fax 089/ 689 32 88
Homepage: www.magic-fx.de
Tätigkeitsbereiche: Modellbau, Dummybau, Props, Animatronics, Creatures,
Prosthetics, Special Make-Up
Referenzprojekte Film und TV: Das Biest im Bodensee, Schtonk,
Unendliche Geschichte I und II, Enemy Mine
Referenzkunden Werbung: AXIS, GAP, E&P Commercial, Roman Kuhn,
Novotny & Novotny

Magicon GmbH
Heidemannstr 11c
80939 München
Tel. 089/ 316 087-0
Fax 089/ 316 087-11
Homepage: www.magicon.de
Sonstige Tätigkeitsbereiche: Creatures, Make-Up FX, Dummybau, SFX Props, Props
für Commercials, Mechanical FX, Rigs, Modelmover, Floor FX (Regen/ Schnee/ Wind)
Referenzprojekte Film: American Werewolf in Paris, The 13th Floor, Anatomie, The
Patriot, Das Sams

Panasensor Filmeffekt- und Filmproduktions GmbH
Justus-von-Liebig-Straße 17
63128 Dietzenbach
Tel. 06074/ 429 89
Fax 06074/ 441 71
Sonstige Tätigkeitsbereiche: Motion Control, Matte Paintings, Creatures,
Effektregie, Storyboards
Referenzprojekte Film und TV: Moon 44, Neverending Story III,
Tauchfahrt zu Kleopatra, Nostradamus, Alexander der Große

TRIX
Modellbau, Illustration
Holger Delfs
Schlaatzstr. 4
14473 Potsdam
Tel: 0331/ 280 19 69
Mobil: 0179/ 619 36 25
Sonstige Tätigkeitsbereiche: Matte Paintings, Illustration
Referenzprojekte Film und TV: The Runner, CI Angel, Disaster at the Mall, Helicops,
Prinz Eisenherz

Joost van der Velden
Modellbauten und Filmplastik
Lehrter Strasse 57
10557 Berlin
Tel./ Fax 030/ 394 31 26
Mobil: 0172/ 781 01 41
Referenzprojekte Film: Enemy at the Gates, All the Queen's Men,
Otto – Der Katastrofenfilm, Taking Sides, Neverending Story III

*Motion Control*

IN-Motion AG
Schielestraße 39-41
60314 Frankfurt
Tel. 069/ 420 84 0
Fax 069/ 420 84 30
Homepage: www.in-motionag.de
Sonstige Tätigkeitsbereiche: Film/ TV, Musik, Multimedia, Mietstudios
Referenzprojekte TV: Laß dich überraschen, Dragonriders of Pern, Travolta
Referenzprojekte Werbung: Red Bull Sauber AG, Rem-Phase,
BMW IAA-Neuvorstellung, Lancia Kappa, Editalia
Sonstige Referenzprojekte: diverse Snap!-Musikvideos, 16Bit, Masterboy

KC film effects
Karl-Heinz Christmann
Wiesenstraße 15
67655 Kaiserslautern
Tel. 0631/ 360 55 90
Fax 0361/ 360 55 65
Sonstige Tätigkeitsbereiche: VFX, Trickstudio
Referenzprojekte Film und TV: The High Crusade, Disneys Dschungelfieber,
LEXX – The Dark Zone, Hiob, Rave Macbeth

Magicmove GmbH
Heidemannstr. 11c
80939 München
Tel. 089/ 316 087-0
Fax 089/ 316 087-11
Homepage: www.magicmove.de
Sonstige Tätigkeitsbereiche: Serviceproduktion für VFX- und FX-Drehs,
Kamera Rental, Snorkel, Spezialoptiken
Referenzprojekte Film: 23, Aimée und Jaguar, The 13th Floor,
Otto – Der Katastrofenfilm, The Patriot

MAT GmbH
*Hamburg*, Berlin, Köln, München
Warnstedtstr. 10-16
22525 Hamburg
Tel. 040/ 547 22 30
Fax 040/ 547 223 22
Homepage: www.mat-pov.com
Sonstige Tätigkeitsbereiche: Specialized Camera Systems, Remote Heads,
Telescopic Cranes, Camera Cranes, Camera Tracking Systems
Referenzprojekte: BBG Expo 2000, OBI, Ahleus, Beiersdorf, Fieber

TKL. The Motion Control Factory
Thomas & Knut Lange oHG
Schmiedekamp 10
23816 Leezen/ Holstein
Tel. 04552/ 1007
Fax 04552/ 1778
Homepage: www.tkl.de
Referenzprojekte Film und TV: Gefährliche Träume – Das Geheimnis einer Frau,
Die Helden, Mörderischer Doppelgänger – Mich gibt es zweimal
Referenzprojekte Werbung: Robert T-Online, Netzpiloten, Burger King, Davidoff


*Optische Effekte*

Optical Art
Film & Special Effects GmbH
Borsteller Chaussee 85, Haus 12
22453 Hamburg
Tel. 040/ 511 10 51
Fax 040/ 51 51 62
E-Mail: optical_art@compuserve.com
Sonstige Tätigkeitsbereiche: Filmbelichtung, digitale Postproduktion,
Motion Control, Titelerstellung
Referenzprojekte Film und TV: Gripsholm, Liebesluder, When Pigs Fly, Alles Bob,
The Harpist
Referenzprojekte Werbung: C&A, Flensburger Pilsener, KöPi,
Hamburger Abendblatt

Studio Bartoschek
Atelier für Filmtrick und Titeltechnik
Mühlenstraße 52-54
12249 Berlin
Tel./ Fax 030/ 775 30 65
Sonstige Tätigkeitsbereiche: Titelherstellung, Zeichentrick,
Computergrafik und -animation, Filmbearbeitung
Referenzprojekte Film und TV: Faraway so Close, Bis ans Ende der Welt,
Die Sturzflieger, La Chasse Aux Papillons

*Spezialmaskeneffekte (Special Make-Up Effects)*

Tricky Mac FX, Christiane Rüdebusch
c/o Studio Babelsberg
August-Bebel-Str. 26-53
14482 Potsdam
Tel. 0331/ 721 26 43
Fax.: 0331/ 721 26 42
Mobil: 0173/ 947 62 27
E-Mail: mac-fx@t-online.de
Sonstige Tätigkeitsbereiche: Prosthetics, Modellbau, Creatures
Referenzprojekte Film und TV: OP ruft Dr. Bruckner, Otto – Der Katastrofenfilm,
Little Vampire, Küss mich, Frosch, Commercial Men

*Special Effects, mechanische Effekte, Pyrotechnik*

Die Nefzers GmbH
Gelbinger Gasse 87
74523 Schwäbisch Hall
Tel. 0791/ 61 91
Fax 0791/ 76 06
Nefzer Babelsberg GmbH
August-Bebel-Str. 26-53
14482 Potsdam
Tel. 0331/ 721 25 85
Fax 0331/ 721 25 86
Referenzprojekte Kino und TV: Neverending Story III, Rob Roy, The Ogre, Helicops,
Enemy at the Gates

EFFECTIVE GmbH
Berduxstr. 30
81245 München
Tel. 089/ 896 895-17
Fax 089/ 896 895-19
Homepage: www.effective-sfx.de
Referenzprojekte Kino und TV: The Patriot, Erkan & Stefan, Der Cascadeur,
Aeon – Countdown im All, Die Manns – Eine deutsche Geschichte
Referenzprojekte Werbung: Orbit Winterfresh, D2 – Call Ya, Lexus Europe,
Ford Escort ABS

Flash Art GmbH Pyrotechnik und Spezialeffekte
Oskar-Jäger-Str. 175
D-50825 Köln
Tel. 0221/ 947 24 27
Fax 0221/ 947 24 29
Homepage: www.flashart.com
Sonstige Tätigkeitsbereiche: umfangreiche Equipmentvermietung, Fluggeschirre,
eigenes Feuerwehrfahrzeug, Pneumatiksteuerungen
Referenzprojekte Film und TV: 14 Tage Lebenslänglich, Fandango,
Die Meisterdiebe, Der Tunnel, Die Bubi Scholz Story
Referenzprojekte Werbung: Telekom Winter 2000, Prinzenrolle

Max Gretmann
Agnesstr. 52 Rgb
80798 München
Tel: 089/ 180 856
Fax 089/ 189 568 26
Mobil: 0171/ 854 67 15
E-Mail: gretmanneffekte@aol.com
Referenzprojekte Film und TV: Jets – Leben am Limit, Das Mädchen Rosemarie,
Enemy Mine, Das Boot, Go Trabi Go
Referenzprojekte Werbung: Metaxa, Mon Cherie, Perwoll, Duplo

Harry's Special Effects
Eichenstraße 66
65933 Frankfurt a.M.
Tel. 069/ 390 481 00
Fax 069/ 390 481 01
Homepage: www.hfx.de
Sonstige Tätigkeitsbereiche: Feuerwerke, Modellbau, Puppentrick, Maskenbild
Referenzprojekte Film und TV: Polizeiruf 110, Die Kommissarin, Ein Fall für Zwei,
Der Schattenmann, Schwarz greift ein
Referenzprojekte Werbung: u.a. Kodak, Chio Chips, Badedas, Ariel

Patric Hohenstatt
Pyrotechnik und Spezialeffekte
Auringer Straße 14
65207 Wiesbaden
Tel./ Fax 06127/ 6 67 48
Referenzprojekte Film und TV: Ein Fall für Zwei, Operation Noah,
Schwarz greift ein, Siebenstein, Kurklinik Rosenau

Medien Special Effects
Rudower Chaussee 3
12489 Berlin
Tel. 030/ 67 04 44 90
Fax 030/ 67 04 44 91
Homepage: www.mse-pyrotechnik.de
Referenzprojekte Film und TV: Im Namen des Gesetzes, Polizeiruf 110,
SK Babies, Helicops, Straßen von Berlin

Roland Tropp
Pyrotechnik & Special Effects
Forsterstr. 43
10999 Berlin
Tel: 030/ 618 92 38
Fax 030/ 611 61 35
Mobil: 0172/ 300 43 03
Homepage: www.tropppyrotechnik.de
Referenzprojekte Film und TV: Tatort, Straßen von Berlin, Polizeiruf 110,
Sonnenallee, Lola rennt
Referenzprojekte Werbung: McDonalds, Daimler-Chrysler, Coca Cola,
Deutsche Telekom, Sega

## Sonstige Anbieter

*Blue- und Greenscreen-Material*

Filzfabrik Fulda GmbH & Co
Frankfurter Straße 62
36035 Fulda
Tel. 0661/ 101-1
Fax 0661/ 101-2 24
Artikel: Filztuch RW Artikel 003305, ca. 180 cm breit, ca. 222g/qm,
flammhemmend ausgerüstet nach Rez. 157, Farben 8924/ bluebox und 8170/
greenbox.

*Motion Capturing*

ID-TV – A Division of I-D Media AG
Lindenstraße 20-25
10969 Berlin
Tel. 030/ 25 94 7-0
Fax 030/ 25 94 7-111
Homepage: www.i-dmedia.com
Referenzprojekte: E-Cyas, Dany+Sahne, Vulpine Vision Demo,
Kelseus Motion Library

X-IST Realtime Technologies GmbH
Friedrich-Ebert-Straße 11
50354 Hürth
Tel. 02233/ 97 91-0
Fax 02233/ 97 91-99
Homepage: www.x-ist.de
Tätigkeitsbereiche: Entwicklung und Vertrieb von Lösungen im Bereich Motion
Tracking und Echtzeitanimation. Full BodyTracker, FaceTracker, DataGlove, Vuppet
Master, Head-Room

*Virtuelle Charaktere*

noDNA AG
Friedrich-Ebert-Straße 11
50354 Hürth
Tel. 02233/ 97 91-0
Fax 02233/ 97 91-99
Homepage: www.nodna.de
Tätigkeitsbereiche: Komplettservice-Leistungen für den Einsatz von Models,
Booking-Agentur für virtuelle Echtzeit-Charaktere

*Virtuelles Studio*

Blue Space Media GmbH
Hans-Böckler-Str. 163
50354 Hürth
Tel. 02233/ 51 80 60
Fax 02233/ 51 80 68
Homepage: www.blue-space.de
Sonstige Tätigkeitsbereiche: Blue Box Studio, Visual Effects, Animation, Compositing,
Editing
Referenzprojekte Film und TV: PuR, Jahrtausendboxx

# Visual Effects Personal

*Storyboards*

Andreas Ammann
Maybachufer 17
12047 Berlin
Tel. 030/ 624 09 07-4
Fax 030/ 624 09 07-6
E-mail: HeliosEA@aol.com
Sonstige Tätigkeitsbereiche: 3D Computeranimation für Werbung,
Kamera und Schnitt, Illustrationen
Referenzprojekte Film und TV: Nick Knatterton, Gripsholm,
Märchen und Sicherheit, Lola und Bilidikid

Uwe de Witt
Am Berge 34
21335 Lüneburg
Tel. 0 4131/ 380 141
Fax 0 4131/ 380 151
E-mail: uwedewitt@aol.com
Homepage: www.uwedewitt.com
Sonstige Tätigkeitsbereiche: Moodboards, Set-Illustration, Creature/ Figurendesign
Referenzprojekte Film und TV: Long Hello & Short Goodbye,
Kalt ist der Abendhauch, Busfahrt

Axel Eichhorst
Ystader Str. 10
10437 Berlin
Tel. 030/ 42 48 211
Mobil: 0179/ 699 49 63
E-mail: axeleichhorst@gmx.de
Referenzprojekte Film und TV: Back to the Secret Garden, Tatort, Taking Sides,
The Extremists, Joe & Max

Dieter Klapper
Rüdesheimer Straße 23
65197 Wiesbaden
Tel./ Fax 0611/ 44 23 61
Sonstige Tätigkeitsbereiche: Zeichentrick, Illustration
Referenzprojekte Film und TV: Das Biest im Bodensee, Nachtmusik, Taxi
Referenzprojekte Werbung: Honda Civic, Porsche, Bonduelle, L&M, F6

Jan Siggel
Sven-Hedin-Straße 25
14163 Berlin
Tel. 030/ 801 57 06
Fax 030/ 801 76 33
E-mail: siggel@hff-potsdam.de
Sonstige Tätigkeitsbereiche: Produktionsdesign
Referenzprojekte Film und TV: Otto – Der Katastrofenfilm, Where
Eskimos live, LEXX – The Dark Zone Stories, Die Straßen von Berlin – Abraxox
Referenzprojekte Werbung: Punica, Panasonic

Ulrich Zeidler
Nettelbeckstraße 4
50733 Köln
Tel./ Fax 0221/ 12 59 97
Homepage: www.ulrichzeidler.de
Sonstige Tätigkeitsbereiche: Production Design, Conceptual Design
Referenzprojekte Film und TV: Das Biest im Bodensee (Conceptual Design Creature),
Aquarios (auch Production Design), Ghost Train (auch Conceptual Design),
Perry Rhodan (Conceptual Design)

*Visual Effects Supervisors*

Kay Delventhal
Alsterblick 59
22397 Hamburg
Mobil: 0172/ 305 13 20
Homepage: www.delventhal.com
Sonstige Tätigkeitsbereiche: digitales Compositing (Inferno/ Flame),
3D- Computeranimation (Maya)
Referenzprojekte Film und TV: Angeldust (auch Flame Artist), Prüfstand 7,
Quarks & Co. (auch Artist)
Sonstige Referenzprojekte: Schnee in der Neujahrsnacht (Supervision für 3D),
Jonathan 2001 (3D Supervision), Olympic Spirit (ShowScan-Format,
Supervision für 3D und Studio Shooting)

Moritz Gläsle
Oelkersallee 41
22769 Hamburg
Tel. 040/ 430 94 096
Mobil: 0172/ 321 58 79
Fax 040/ 430 99 674
E-mail: moritz@scheinfirma.de
Sonstige Tätigkeitsbereiche: Inferno Artist, 3D Motion Tracking,
Motion Control in Verbindung mit CGI
Referenzprojekte Film und TV: The 13th Floor, Enemy at the Gates, The Pianist
Referenzprojekte Werbung: Telegate, T-Online, Mercedes

Christian Jelen
10-13 Rushworth Street
London SE 1 ORB
England
Mobil: 0172/ 240 43 93
Homepage: www.jayceee.com
E-mail: jc@jayceee.com
Sonstige Tätigkeitsbereiche: Regie, Stoffentwicklung
Referenzprojekte Film und TV: Todeswelle (auch Visual Effects Producer & Second
Unit Director), Ice Planet, Biggest Step
Referenzprojekte Werbung: Chupa-Chups, Hohes C, Hanuta
*Sonstige Referenzprojekte: diverse Station-ID's, Musikvideos*

Christian Künstler
Kaiserstraße 59
80801 München
Tel. 089/ 33 84 02
Fax 089/ 33 53 47
Mobil: 0172/ 970 27 01
E-mail: mail@cpkuenstler.net
Sonstige Tätigkeitsbereiche: Visual Effects Producer, Inferno/ Domino/ Shake Artist
Referenzprojekte Film und TV: Enemy at the Gates (Visual Effects Producer),
So weit die Füße tragen (Digital Effects Supervisor/ Producer),
2001-A Space Travestie (Digital Effects Supervisor/ Producer),
The Pianist (auch Visual Effects Producer)

George Maihoefer
Tel. 0172/ 711 06 12
E-mail: george.m@gmx.de
Sonstige Tätigkeitsbereiche: Storyboarding, Inferno/ Domino Artist
Referenzprojekte Film und TV: Comedian Harmonists, Lola rennt,
Otto – Der Katastrofenfilm, Die Legende vom Ozeanpianist,
Der Zauber von Marlena

Jörn Meyer
Randstr. 104
22525 Hamburg
Tel. 040/ 853 74 466
Fax 040/ 853 74 433
Mobil: 0171/ 753 61 36
E-Mail: JoernMeyer@t-online.de
Sonstige Tätigkeitsbereiche: digitales Compositing (Inferno/ Flame)
Referenzprojekte Werbung: Audi, El Pais, BMW, Sparkasse, Herta Gaucho
Sonstige Referenzprojekte: The Sixth Day (Flame Operator), Der Krieger und die
Kaiserin (Inferno Operator)

Martin Ofori
Wendelinstr. 90
50933 Köln
Tel./ Fax 0221/ 739 21 21
Mobil: 0173/ 94 55555
E-Mail: ofi_fx@hotmail.com
Sonstige Tätigkeitsbereiche: digitales Compositing (Inferno/ Flame/ Flint),
3D- Computeranimation (SoftImage)
Referenzprojekte Film und TV: Autsch du Fröhliche, Der Clown 1, Die Diebin
Sonstige Referenzprojekte: 3D-Computeranimation und Compositing für
zahlreiche TV-Spots, Musikvideos und Station ID's

Henning Rädlein
Franziskanerstr. 7
81699 München
Tel. 089/ 448 76 81
Fax 089/ 447 18 522
Mobil: 0172/ 896 63 37
Homepage: www.henningraedlein.de
Sonstige Tätigkeitsbereiche: Visual Effects Producer
Referenzprojekte Film und TV: All the Queen's Men, The 13th Floor (auch VFX Producer), You're Dead, Otto – Der Katastrofenfilm (VFX Producer)

Frank Schlegel
Muskauer Str. 23
10997 Berlin
Tel. 030/ 612 51 37
Mobil: 0172/ 322 75 44
E-Mail: FrankVFX@aol.com
Sonstige Tätigkeitsbereiche: VFX Kameramann, Drehbuchautor, Producer
Referenzprojekte Film und TV: The Mall, Küß mich Frosch, Das Sams, Aimée & Jaguar, Far Away So Close

## Filmscanning und Ausbelichtung

ARRI TV Produktionsservice GmbH
Türkenstr. 95
80799 München
Tel. 089/ 3809-1555
Fax 089/ 3809-1549
Homepage: www.arri.com
Filmscanner: Imagica 16/ 35mm, Kodak Genesis 35 Digital Film Scanner
Ausbelichter: ARRILaser

Atlantik Film Kopierwerk GmbH
Sieker Landstr. 41
22143 Hamburg
Tel. 040/ 67 51 210
Fax 040/ 67 51 214
Homepage: www.atlantik-film.com
Filmscanner: Kodak Genesis 35 Digital Film Scanner
Ausbelichter: Celco X-treme, Solitaire Cine III

CinePix
Obere Bahnhofstraße 20
82110 Germering
Tel. 089/ 523 14 660
Fax 089/ 523 14 661
Homepage: www.cinepix.de
Ausbelichter: auf Agfa-Basis

digiSite
Digital Cine & Media Services AG
Karlstraße 42a/ Rgb.
80333 München
Tel. 089/ 55 25 20-11
Fax 089/ 55 25 20-15
Homepage: www.digisite.de
Filmscanner: Spirit Data Cine

Optronik GmbH Potsdam
August-Bebel-Straße 26-53
14482 Potsdam
Tel. 0331/ 721 24 72
Fax 0331/ 721 24 71
E-mail: optronik.babelsberg@t-online.de
Sonstige Tätigkeitsbereiche: Visual Effects (Compositing, 3D-Animation,
Modellbau), FAZ, Animation (u.a. Puppentrick, Comic), Filmrestaurierung
Ausbelichter: Solitaire Cine IV

## Studiengänge, Seminare und Kurse im Bereich Visual Effects

Fachhochschule Furtwangen
Hochschule für Technik und Wirtschaft
Robert-Gerwig-Platz 1
78120 Furtwangen im Schwarzwald
Tel. 07723/ 920-0
Fax 07723/ 920-610
Homepage: www.fh-furtwangen.de
Studiengänge im Bereich VFX: Fachbereich Digitale Medien mit den Studiengängen
Medieninformatik, online.medien, Computer Science in Media

Fachhochschule Mainz
Holzstraße 36
55116 Mainz
Tel. 06131/ 28 59-511
Fax 06131/ 28 59-630
Homepage: www.fh-mainz.de
Studiengang im Bereich VFX: Medien-Design mit Schwerpunkten wie Digitale Ge-
staltung mit Computergrafik, Computeranimation, Multimedia-Gestaltung

Fachhochschule Wiesbaden
Unter-den-Eichen 5
65195 Wiesbaden
Tel. 0611/ 18 80-141 oder -143
Fax 0611/ 18 80-142
Homepage: www.medien.fh-wiesbaden.de
Studiengang im Bereich VFX: Medienwirtschaft mit Fächergruppen wie Technik und
Gestaltung

Filmakademie Baden-Württemberg
Mathildenstraße 20
71638 Ludwigsburg
Tel. 07141/ 969-0
Fax 07111/ 969-298 oder -299
Homepage: www.filmakademie.de
Studiengänge im Bereich VFX: Nach dem Grundstudium kann der Bereich Anima-
tion/ digitale Bildgestaltung als Projektstudium gewählt werden

Hochschule für Film und Fernsehen »Konrad Wolf«
Marlene-Dietrich-Allee 11
14482 Potsdam
Tel. 0331/ 62 02-306
Fax 0331/ 62 02-399
Homepage: www.hff-potsdam.de
Studiengänge im Bereich VFX: Animation

Hochschule für Film und Fernsehen München
Frankenthaler Straße 23
81539 München
Tel. 089/ 689 57-0
Fax 089/ 689 57-189
Homepage: www.hff-muenchen.mhn.de
Studiengänge im Bereich VFX: Bereich Angewandte Ästhetik, Bildgestaltung und
Kameratechnik mit Schwerpunkten wie tricktechnische Möglichkeiten und digitale
Bildbearbeitung

Institut für Mediengestaltung und Medientechnologie
Weißliliengasse 1-3
55116 Mainz
Tel. 06131/ 28 62-70
Fax 06131/ 28 62-711
Homepage: www.img.fh-mainz.de
Studiengang im Bereich VFX: Mediengestaltung mit Schwerpunkten wie Digitale
Gestaltungstechnologien

Kunsthochschule für Medien Köln
Peter-Welter-Platz 2
50676 Köln
Tel. 0221/ 201 89-0
Fax 0221/ 201 89-17
Homepage: www.khm.uni-koeln.de
Studiengang im Bereich VFX: Audiovisuelle Medien mit Fächergruppen wie Medien-
gestaltung und Medienkunst

SAE (School of Audio Engineering) *München*, Stuttgart, Frankfurt, Köln, Hamburg,
Berlin
Hofer Straße 3
81737 München
Tel. 089/ 67 51 67
Fax 089/ 670 18 11
Homepage: www.sae.edu
Kurse im Bereich VFX: Multimedia und Digital Film

Technische Universität Ilmenau
Max-Planck-Ring 14
98693 Ilmenau
Postfach: 10 05 65
98684 Ilmenau
Tel. 03677/ 69-0
oder
Homepage: www.tu-ilmenau.de
Studiengänge im Bereich VFX: Medientechnologie mit Studienrichtungen wie
Audiovisuelle Technik und Digitale Medien

The German Film School
for digital production gmbH
Hochschule für digitale Medienproduktion in privater Trägerschaft
Demex Allee
14627 Elstal (bei Berlin)
Tel. 033234/ 90 833
Fax 033234/ 90 834
Homepage: www.filmschool.de
Studiengänge im Bereich VFX: Ausbildung zum Digital Artist

Silicon Studio Berlin
Liebenwalder Straße 21, Osram Höfe
13347 Berlin
Tel. 030/ 456 013 31 oder -32
Fax 030/ 458 036 72
Homepage: www.siliconstudio.de
Trainings im Bereich VFX: Digitale Bildbearbeitung und 3D Modelling & Animation

## Messen zum Thema Visual Effects

eDIT
Internationaler Fachkongress für Film, Postproduktion und Visual Effects
Termin: eDIT 2002: 10.-12.11.2002, eDIT 2003: 9.-11.11. 2003 (geplant,
ohne Gewähr)
Ort: Congress Center Messe Frankfurt
Kongressbüro: Luna Park 64 GmbH
Niddastr. 64
60329 Frankfurt am Main
Tel. 069/ 59 79 71 90
Fax 069/ 59 7971 89
Homepage: www.edit-frankfurt.de
Kongressleitung: Sebastian Popp
Niddastr. 64
60329 Frankfurt a. M.
Tel. 069/ 597 97 190
Fax 069/ 597 97 189
E-Mail: popp@lunapark64.de

FMX
ANIMATION.EFFECTS.WEB
Termin: 23.-26. Mai 2002
Ort: Stuttgart, Haus der Wirtschaft
Organisation: Film- und Medienfestival GmbH
Kulturpark Berg
Teckstr. 56
70190 Stuttgart
Tel. 0711/ 925 46 10
Fax 0711/ 925 46 15
Homepage: www.fmx.de

mecon
Fachkongress für digitale Medien im Rahmen des Medienforums NRW
Termin: 19-21. Juni 2002
Ort: Köln Messe
Kontakt: Musik Komm. GmbH
Kaiser-Wilhelm-Ring 20
50672 Köln
Tel. 0221/ 916 55-0
Fax 0221/ 916 55-160
Homepage: www.mecon.de

## Organisation Chart of a VFX Company

### General Manager

**Administration** — Controlling — Marketing & PR — Aquisitions — Recruiting — Research & Development — Training

**Design Department**
*Produktion Design*
*Storyboarding*
*Pre-Visualisation*

VFX Supervisor 1 — VFX Supervisor 2
VFX Producer 1 — VFX Producer 2
Production Coordinator 1 — Production Coordinator 2

---

### Computer Graphics Department

Software Programming — Systems Administrator

Computer Graphics Supervisor 1 — Computer Graphics Supervisor 2

Computer Graphics Sequence Supervisor 1 — Computer Graphics Sequence Supervisor 2

Technical Director 1 — Technical Director 2 — Technical Director 3

Special Project Supervisor — Special Project Supervisor — Special Project Supervisor — Special Project Supervisor

**INPUT/OUTPUT Management**
*Film IN/OUT*
*Video IN/OUT*
*Digitizing of 3D Objects*
*File-Distribution*

**Rotoscoping**
*Matchmoving*
*Digital Tracking*
*Image Stabilisation*

**3D Computer Graphics**
*Modeling*
*Texturing*
*Animation*
*- Keyframe Animation*
*- Realtime Animation*
*- Motion Capturing*

**Lighting & Rendering**
*Render Management*
*Shader Programming*

**2D Computer Graphics**
*Digital Painting*
*Digital Image Processing*
*Digital Image Compositing*
*Digital Matte Paintings*

---

### Other Departments

**Model Shop**

**Motion Control Department**
*Field equipment*
*Stage equipment*

**Creature Shop**
*Special Make-Up Effects*
*Animatronics*

**Equipment**
*Camera*
*Lighting etc.*

**Shooting Stages**
*Blue/Greenscreen Stage*

## Literatur

American Cinematographer Manual. Seventh Edition. Hollywood 1993.

American Cinematographer Video Manual. Second Edition. Hollywood 1994.

Dictionary of Image Technology. 3$^{rd}$ edition. BKSTS. Oxford 1994.

Linwood G. Dunn/ George E. Turner: The ASC Treasury of Visual Effects. Hollywood 1983.

Raymond Fielding: The Technique of Special Effects Cinematography, London/ Boston 1965. 4.
Erweiterte Auflage: 1985

Herbert Gehr/ Stefan Ott: Film Design. Visual Effects für Film und Fernsehen. Bergisch Gladbach 2000.

Rolf Giesen: Special Effects. Vorwort: Moritz de Hadeln. Ebersberg 1985

Rolf Giesen: Lexikon der Special Effects. Berlin 2001

Rolf Giesen/ Claudia Meglin: Künstliche Welten. Tricks, Special effects und Computeranimation
im Film von den Anfängen bis heute. Hamburg/ Wien 2000.

Dirk Manthey (Hg.): Making of ... 2. Wie ein Film entsteht. Hamburg 1996.

Terence Masson: CG 101: A Computer Graphics Industry Reference. Indianapolis 1999.

Micheal J. McAlister: The Language of Visual Effects. Los Angeles 1993.

Robert E. McCarthy: Secrets of Hollywood Special Effects. Foreword by Steve Allen. Boston/
London 1992.

Alan McKenzie/ Derek Ware: Hollywood Tricks Of The Trade. New York 1986.

Dan Millar: Cinema Secrets. Special Effects. Secaucus, New Jersey 1990.

James Monaco: Film und Neue Medien. Lexikon der Fachbegriffe. Hamburg 2000

Bob Pank (Editor): The Digital Fact Book. Edition 9. Copyright Quantel Limited 1998.

Thomas G. Smith: Industrial Light & Magic. The Art of Special Effects. New York 1986.

Jake Hamilton: Spezialeffekte in Film und Fernsehen. Nürnberg 1998

Mark Cotta Vaz/ Patricia Rose Duignan: Industrial Light + Magic. Into the Digital Realm. New
York 1996.

## Abbildungen inklusive Bildnachweis

Abb. 1, 2, 3, 4, 5, 6, 7, 25, 26, 27, 28, 31, 32, 33, 34
Bildnachweis: Zeichnungen von Jan Siggel

Abb. 8, 9, 10, 11, 12, 13
Bildnachweis: Tricky Mac FX, Christiane Rüdebusch

Abb. 14, 15, 16, 17, 18, 19, 20, 21, 23, 24
Bildnachweis: Chris Creatures, Christoph Kunzmann

Abb. 22, 29, 30, 35, 40, 41, 42, 43, 44, 45, 46, 47, 48, 50, 51, 52
Bildnachweis: effectory Filmeffekte GmbH

Abb. 36, 37
Bildnachweis: VCC Babelsberg

Abb. 38, 39
Bildnachweis: ARRI Digital Film, München

Abb. 49, 53
Bildnachweis: Zeichnungen von Andreas Mattijat

Abb. 54
Bildnachweis: Computermodell von Thorsten Binte

Abb. 55, 56, 57, 58
Bildnachweis: Storyboards von Axel Eichhorst

Abb. 59, 60
Bildnachweis: Thomas Mulack

# REIHE PRODUKTIONSPRAXIS

## In dieser Reihe bereits erschienen:

Bastian Clevé
**Wege zum Geld**
Film-, Fernseh-
und Multimedia-Finanzierungen
4., überarbeitete Auflage 2000
256 Seiten. Broschiert
ISBN 3-88350-907-8
**Produktionspraxis 1**

»Wege zum Geld« stellt die unterschiedlichen Finanzierungsmodelle dar, die zur Zeit in Deutschland bei Film-, Fernseh- und Multimediaproduktionen praktiziert werden. Der Autor richtet sein Augenmerk sowohl auf Produktionen der öffentlich-rechtlichen und privaten Sender als auch auf die Produktion von Kinofilmen. Dazu gehört die deutsche Filmförderung ebenso wie internationale Finanzierungsinstrumentarien.

Bastian Clevé (Hg.)
**Investoren im Visier**
Film- und Fernsehproduktionen mit
Kapital aus der Privatwirtschaft
2., überarbeitete Auflage 2000
301 Seiten. Broschiert
ISBN 3-88350-906-X
**Produktionspraxis 2**

Dieser Band betrachtet den deutschen und amerikanischen Film einerseits aus der Perspektive von Investoren, die mit der Branche nur am Rande vertraut sind und finanzielle und steuerliche Aspekte in den Vordergrund rücken. Andererseits soll aber dem Film- und Fernsehproduzenten geholfen werden, potentiellen Investoren die Chancen dieses Geschäfts nahe zu bringen. Entsprechend beschäftigt sich der Autor mit dem Business-Plan, mit dem der Produzent zukünftigen Investoren die Entscheidung erleichtert.

Bastian Clevé (Hg.)
**Von der Idee zum Film**
Produktionsmanagement für Film
und Fernsehen
215 Seiten. Broschiert
3., verb. Auflage, 2001
ISBN 3-88350-912-4
**Produktionspraxis 3**

Die Arbeit des Produktionsmanagements befasst sich mit dem organisatorischen Rahmen, in dem Regisseur, Schauspieler und Crew ihre künstlerische Arbeit vollbringen. Der Band gibt einen umfassenden Überblick über die organisatorischen, finanziellen und juristischen Bereiche, die mit der Herstellung eines Fernseh- oder Kinofilmes verbunden sind.

Friedrich Kohle/ Camilla Döge-Kohle
**Medienmacher heute**
213 Seiten, 35 s/w-Abbildungen.
Broschiert
ISBN 3-88350-903-5
**Produktionspraxis 4**

Dieser Titel bietet Berufseinsteigern und interessierten Laien die Möglichkeit, sich anhand von Interviews – mit Produzenten, Regisseuren sowie Mitarbeitern im Vertrieb, Verleih und anderen Dienstleistungsbereichen – ein Bild vom Geschäftsalltag in der deutschen Film- und Fernsehindustrie zu machen.

Manfred Auer
**Top oder Flop?**
Marketing für Film und Fernsehen
182 Seiten. Broschiert
ISBN 3-88350-904-3
**Produktionspraxis 5**

Auch die Vermarktung filmischer Software folgt bestimmten Gesetzmäßigkeiten. Diese Regeln sollen in diesem Buch hergeleitet und mit Praxisbeispielen angereichert werden. Ein Beitrag zur Wettbewerbsfähigkeit des deutschen Films an der Schwelle zum 21. Jahrhundert.

Andree Kauschke/ Ulrich Klugius
**Zwischen Meterware
und Maßarbeit**
Markt- und Betriebsstrukturen
der TV-Produktion in Deutschland
260 Seiten. Broschiert
ISBN 3-88350-905-1
**Produktionspraxis 6**

Zum ersten Mal beschäftigt sich ein Buch mit den eigentlichen Machern des Fernsehens, mit den TV-Produzenten. Es liefert eine umfassende und auf Insiderwissen basierende Bestandsaufnahme der Markt- und Betriebsstrukturen dieser ausgesprochen lebendigen Branche. Zahlreiche Abbildungen, Dokumente und Anlagen runden das Thema ab und machen den Band zu einem unentbehrlichen Arbeitsinstrument für die Praxis.

Markus Yagapen
**Filmgeschäftsführung**
141 Seiten. Broschiert
ISBN 3-88350-909-4
**Produktionspraxis 7**

Um mit einem Film Gewinne zu erwirtschaften, ist es für jeden Filmproduzenten unabdingbar, die buchhalterisch ordnungsgemäße Abwicklung eines Filmprojektes in die Hände eines guten Filmgeschäftsführers zu legen ...

Wolfgang Brehm
**Filmrecht**
Handbuch für die Praxis
261 Seiten. Broschiert
**Produktionspraxis 8**

Das Handbuch erläutert die wichtigsten Regeln der Rechtsordnung, besonders zwischen den Inhabern der bereits bestehenden Werke, den Mitwirkenden des Films und den Produzenten. Darüber hinaus beschäftigt es sich mit der Frage, welche Rechte frei benutzt werden können und welche zu welchen Bedingungen gesondert erworben werden müssen.

Michael Schneider
**Vor dem Dreh kommt das Buch**
Ein Leitfaden für das filmische Erzählen
416 Seiten. Broschiert
ISBN 3-88350-910-8
**Produktionspraxis 9**

Dieses sehr anschaulich geschriebene Buch behandelt an konkreten Beispielen die für das filmische Schreiben relevanten Erzählformen und -muster, führt in die wichtigsten amerikanischen Filmdramaturgien ein – und zeigt zugleich, wie sie von den Meistern des Dramas und des Films in je besonderer Weise konkretisiert wurden.

Petra Gallasch
**Close-up: Filmschauspiel**
Gepräche, Infos und Tipps
von Fachleuten und Insidern
ISBN 3-88350-915-9
**Produktionspraxis 11**

Talent allein genügt nicht. Was wird von Schauspielern erwartet? Wie funktioniert die Branche? Wie sollte man sich bei einem Casting verhalten oder mit der Presse umgehen? – Dieser Band informiert, inspiriert und motiviert den Schauspieler, seine Karriere in die eigene Hand zu nehmen.

**Bleicher Verlag**
70826 Gerlingen

## Danksagung

Die Autoren möchten sich bei all denen bedanken, die zur Entstehung des Buches beigetragen haben: Thorsten Binte, Bastian Clevé, Axel Eichhorst, Prof. Klaus Keil, Christoph Kunzmann, Angela Jones, Thomas Mandl, Andreas Mattijat, Daniela Mulack, Dennis Penkow, Christiane Rüdebusch, Frank Schlegel, Jan Siggel, Wolfram Tichy, Thomas Werner, Prof. Dr. Bernd Willim, allen festen und freien Mitarbeitern der effectory Filmeffekte GmbH, ARRI Digital Film, VCC Babelsberg.